*Rich*致富 *341*

越看越醒腦的財報書

零基礎秒懂人生必會的3 大財報，
1 個案例搞定此生所需財務知識！

湯瑪士‧易徒森Thomas Ittelson◎著

黃奕豪◎譯

高寶書版集團

謹將本書獻給艾莉絲戴爾，

因其夠理智，選擇成為律師而非會計師。

致謝

　　本著作能夠成書有賴許多人的幫助。我要特別感謝的人有：以賽‧史坦普，他是第一個讓我明白原來了解一些財金和會計知識可以如此有趣的人；我的經紀人邁克‧史諾，他教我如何寫出一份寫作計畫提案；以及莉莎‧伯克曼，她的鼓勵是我在撰寫這本增修版時的無價之寶。

　　另外也非常感謝職涯出版社的羅諾‧弗萊，他在本書初具雛型時就看見了本書的潛力，還有主編克莉絲汀‧派克，感謝她一路指導本書直至出版。

　　跟第一版相同的是，在本次增修版成書過程中，我的同事傑克‧透納詳細審閱了本書中的文字及數字，實在惠我良多。此外還要誠摯感謝葛拉漢‧伊考特幫我仔細地閱讀並修正第一版的內容。

　　這些客戶、同僚和友人都在某個時間點，在知情或不知情的情況下，幫助我想出本書所呈現的概念。最後還要感謝關‧艾克頓、瑪西‧安德森、莫莉‧唐納、提姆‧當肯、卡瓦斯‧戈柏海、傑克‧海力、凱薩琳，蕾希、保羅‧麥當諾、麗塔‧尼爾森、保羅‧歐布萊恩、梅爾‧普拉，以及愛露娜與克里斯‧賽門夫婦。

目錄
Contents

會計和財務報表有許多專業詞彙以及全是數字的結構，經常讓人們誤以為它們非常複雜。本部分將介紹常用詞彙、基本原則和主要財報的結構。

會計師在準備財報時，需要以一些基本原則為基礎。那麼，這些原則是由誰制訂的？最簡單的答案是「美國財務會計準則委員會」（以下簡稱FASB），而這些原則就稱為「一般公認會計原則」（以下簡稱GAAP）。理解了嗎？

資產負債表是兩種最主要的財報之一（另一種則是損益表）。資產負債表所呈現的，是在某個時間點的基本會計等式：你擁有的－你的負債＝你的價值。

損益表是兩種最主要的財報之一（另一種是資產負債表）。損

益表所呈現的，是一間企業的獲利能力，也是了解該企業財務
是否健全時的重要參考。

公司的現金來源與流向。透過現金流量表，我們能夠追蹤指定
期間內，公司整體的現金流動狀態。

不同的財報之間擁有密切關聯，某一種財報當中的某個帳目，
很可能會影響其他報表。這種數字環環相扣的特性，讓我們能
夠在合併觀察三種財報時，了解一間公司的整體財務狀況。

　　　A.資產負債表連結

　　　B.銷售循環

　　　C.費用循環

　　　D.投資循環

　　　E.資產取得／折舊循環

擁有三種主要財報的知識後，我們就可以開始為假想的「蘋果籽
公司」編製初步的財務報表了。我們將要把公司從生產到販售蘋
果醬的過程中所進行的商業活動記錄在帳冊上。本書的一大主題

就是為這些「會計事項」記帳（下方的事項1～事項33）。

另外，我們將說明資產負債表、損益表和現金流量表內所記錄的各項帳目，以了解企業內部的日常商業活動，例如庫存販售、產品運送和股東分紅等。

歡迎來到我們的小型企業：蘋果籽公司。請想像自己是蘋果籽公司的執行長（CEO），同時也兼任財務主管和財務長（CFO）。

事項1　以每股10美元賣出了15萬份面額1美元的蘋果籽普通股票。

事項2　付第一個月的薪水給自己。記下所有與薪資相關的額外福利和稅金。

事項3　貸款100萬美元買新廠房，這個10年期的抵押貸款條件為每年10%利息。

事項4　付150萬美元買新廠房，作為辦公、生產和倉儲空間。建立折舊表。

事項5　聘用管理和銷售人員，並支付員工第一個月的薪水。記下所有相關的額外福利和稅金。

事項6　支付員工的健保、壽險和失能險等保費；此外還須支付社會安全稅（FICA）、失業稅和代扣所得稅。

真正好玩的部分現在才開始。幾週後，我們就要開始生產好幾千箱世上最美味的蘋果醬了。

事項7　採購價值25萬美元的生產機器，並先付一半的費用。

事項8　收到並完成機器安裝，付清剩下的12.5萬美元。

事項9　聘請生產線工人，並支付他們第一個月的薪資。

事項10　向原料供應商下長期訂單；收到100萬份瓶身標籤。

工廠已準備就緒，要開始生產蘋果醬了。機器都安裝好且運作正常、工人聘好了、原料也馬上就要收到了。

事項11　收到兩個月份的原料。

事項12　開始生產；支付工人和監工當月的薪水。

事項13　記下當月的折舊和其他製造費用。

事項14　付款給事項10收到的瓶身標籤。

事項15　完成生產19,500箱蘋果醬，並移到製成品存貨中。

事項16　報廢與500箱蘋果醬等值的在製品存貨。

事項17　付清事項11中收到的兩個月原物料費用。

事項18　生產下個月的蘋果醬。

一位充滿智慧的資深顧問曾經跟我說：「說真的，做生意唯一需要的就是顧客。」

我們一直忙著生產和銷售美味的蘋果醬，但已經營運3個月了，是時候注意一些重要的行政管理工作了。

公司營運的第一年情況非常良好，接下來我們要了解今年度的利潤、算出需繳納的稅金、宣布分配股息並發出公司第一份致股東的年報。

事項29　快轉這一年剩下的時間，記錄交易總結。

事項30　記錄應付所得稅。

事項31　宣布每股配發0.375美元股息，並支付股息給普通股股東。

這一部分將討論公司財報的某些撰寫和分析細節，同時也會提及一些可能的舞弊方法。

日記帳和分類帳是會計人員初步記下每一筆事項的帳冊。日記帳是將所有財務活動依時間順序記錄下來的帳冊（或電腦記錄）。分類帳則是依會計科目區分的帳簿。科目就是一種分類，將性質相似且需要追蹤的品項歸為一類。

在評斷一間公司的財務狀況時，重要的往往不是銷售、成本、費用和資產等項目的絕對值，而是這些項目之間的關係。

有多種其他的會計政策及程序不僅合法也被廣泛使用，但一間公司在財報上所顯示的價值卻可能因而天差地別。保守的？激進的？有些人會將本章的主題稱為「創意性會計」。

「作假帳」意謂刻意隱藏或更改一間公司的財務表現或狀況。作假帳通常會將資產負債表中的帳目移至損益表，或相反過來，但都是不正當且以欺瞞為目的。明目張膽的欺騙也是很常使用的技巧。

「數字」雖然是一種非常實用的工具，但終究只是工具，還需要其他管理工具（和常識）協助我們決定如何投注資金、擴大公司規模。但記住：一間公司擴張的策略如果不穩固的話，財務狀況往往也不會強健，無論他們財報上的數字有多好看。一定要先思考策略。這部分主要要談的是規劃未來和籌措資金。

唉。蘋果籽需要更多資金才能擴張。我們的創業投資人都很懂得買賣股票的竅門,在腦袋裡就可以規劃好一切。所以我們最好也要了解。否則的話,這些親切的創業投資人可是會吃掉我們的蘋果醬的。

事項32 為擴張融資!發行新股票並討論信貸額度。

資本投資的相關決策可說是公司管理階層需要做的決策中,最重要的一種。多數時候,資本都是公司最稀缺的資源,因此好好運用資金就成為成功的關鍵。現在所做的投資,將大大左右一間公司未來的樣貌。要做出資本預算的相關決策時,一定要分析公司過往幾年的現金流量。而在進行此種分析時,考量「貨幣的時間價值」至關重要。

你寧願我現在給你1,000美元還是5年後呢?多數的人在直覺上都會認為:「一鳥在手勝過二鳥在林」,所以,你已經了解「貨幣的時間價值」了。其他通通都只是細節。

引言

　　許多沒有財務背景的經理都有「會計恐懼症」，也就是一看到財報就頭暈，讓效率沒辦法提升的症狀。如果你是那種以為「存貨周轉」就是把架上的貨品翻過來又翻過去，或是覺得「應計」跟綠野仙蹤裡的壞女巫有關的話，這本書就是為你量身打造的。

　　這本《越看越醒腦的財報書》是專為兩種商業人士而寫的：（1）對會計和財報所知甚少，但覺得自己應該要懂的人；（2）需要更了解會計和財報，但覺得一般介紹會計和財報的書都太難懂，而且毫無幫助的人。其實，這兩類人占了商業人士的絕大部分，所以你並不孤單。

　　本書是以會計事項為基礎的商業訓練工具，當中提供許多直接明瞭且實際的例子，藉以說明財報如何編寫，且如何透過不同報表間相互對照，架構出一間公司真實的財務狀況。

　　我們不會在細節上著墨太多，以免影響讀者對於概念的理解。就跟不需要了解電腦主機晶片如何運作也能在電腦上做乘除運算一樣，我們不用成為註冊會計師（CPA）也能夠了解「企業的會計模式」。

　　會計事項：這本書會以我們模擬的蘋果籽公司為例，說明在製造和販售美味蘋果醬的過程中，會發生的一連串「事項」。我們會發行股票以籌措資金、購買機器以製造產品，然後把衛生安全的蘋果醬運給顧客，讓顧客滿意。我們會收到錢，希望能有利潤。接著我們會擴大業務。

　　在這過程中的每一步，都會在蘋果籽公司的帳簿上產生新的紀錄。我們會討論每一筆事項，並用實際的例子去了解一間公司的財報是如何構成的，也會學到如何透過公司的三大財報（資產負債表、損益表和現

金流量表）來報告下列幾種常見的交易活動：

1. 發行股票
2. 借款
3. 收到訂單
4. 送出貨物
5. 開發票給客戶
6. 收到付款
7. 支付代售佣金
8. 沖銷壞帳
9. 預付費用
10. 訂購設備
11. 支付訂金
12. 收到原料
13. 報廢受損產品
14. 付款給供應商
15. 記錄生產成本差異
16. 折舊固定資產
17. 估計存貨價值
18. 聘請員工並支付薪資及相關稅項
19. 計算利潤
20. 支付所得稅
21. 發放股利
22. 併購公司
23. 其他

◆◆◆ ─────────────────────────────

　　「會計是一種語言，是協助不同商業領域的人進行溝通的工具。這種工具的預設基礎是企業的會計模式，雖然也有其他的企業模式，但會計模式是最廣為人用的模式，而且應該會維持很長一段時間。

　　「如果你不會說這種會計語言，或無法由內而外對會計模式感到自在的話，就會在商業世界裡明顯居於劣勢。會計是貿易最基本的工具。」

　　　　　　　　　　　　　　　　　　　　　高登・巴堤
　　　　　　　　　　　　　《企業家精神》(Entrepreneurship)
　　　　　　　　　　　　　　　普倫蒂斯霍爾出版社，1990

───────────────────────────── ◆◆◆

　　讀完本書之後，讀者應該就能充份了解蘋果籽公司的所有財務狀況。

　　目標：本書的寫作目的是要幫助商業人士學會會計和財報的基本知識，尤其是針對需要了解資產負債表、損益表和現金流量表的運作方式，卻又不得其門而入的管理人員、科學家和銷售人員。

　　而各位讀者的目標則是獲取會計和財務相關的知識，幫助你處理自己的生意；你們想要了解財務的操作，藉此獲得更多助益，而且也必須要知道商業活動是如何記錄下來的。你也體認到，就像高登・巴堤說的，你必須要能「由內而外對會計模式感到自在」，才能在商場裡致勝。

◆◆◆────────────────────────────────

　　「……就算無聊又乏味，而且很快就會忘記，還是要持續學習複式簿記。很多人覺得我在開玩笑，但我可沒有。每個人都應該要喜歡用於商業的數學運算。」

肯尼斯・奧爾森

美國迪吉多電腦公司（Digital Equipment Corporation）創辦人

────────────────────────────────◆◆◆

　　本書分為 5 大部分，每一部份都有一個特定的教學目標：

　　A 部分　財務報表：架構及常用詞彙會介紹企業常用的 3 大報表，並且會針對必要的詞彙加以定義，以便讀懂本書以及與會計師溝通。

　　B 部分　會計事項：以蘋果籽公司為例將帶各位認識 31 種不同的會計事項，並示範如何在資產負債表、損益表和現金流量表上報告每筆事項對於蘋果籽公司財務的影響。

　　C 部分　財務報表：編製和分析會將蘋果籽公司的財報以一些常見的比率分析技巧進行嚴密的分析。接著，我們會稍微提及「作假帳」的方式、為何有些人會想這麼做，以及如何察覺財報舞弊。

D 部分　企業規模擴大：策略、風險與資金會說明一間剛起步的公司，在試著擴大業務時應該做出哪些策略。我們會回答「錢要從哪裡來？」以及「這需要花多少錢？」等問題。

E 部分　做出良好的資本投資決策則會分析不同的擴張方案，並且透過精細的淨現值（NPV）法，從中選出最佳方案。

在學到這些關於公司的結構和金流的知識後，各位將能理解以下這些重要的商業議題：

- 一間公司為什麼會在快速成長且擁有高額利潤的同時，卻又資金短缺，而且還非常常見。
- 為什麼營運資金如此重要，而怎樣的管理決策會使營運資金增加，哪些又會使資金減少。
- 銀行裡的現金和營運的利潤之間的差異與關聯。
- 在公司營運的過程中，何時出現負現金流量是好跡象，何時又代表了大難將臨。
- 常見的產品成本制度限制，何時適用會計上關於成本的定義（以及更重要的，何時可以忽略）。
- 為什麼現在做的發展投資必須要能為公司在之後的幾年內，賺到超過原有金額的錢。
- 折扣如何在營運減去虧損後成為損失，以及為何什麼折扣對於公司的財務健康極為不利。
- 風險和不確定因素的差異，以及哪一個比較糟。
- 為什麼今天就能收進口袋裡的一塊錢遠比明天才能收到的有價值。
- 進行資本投資的決策時，為什麼必須預測長期的現金流量，這麼做又有什麼限制。

- 何時應該使用淨現值分析法，何時又該用內部報酬率法，以及為什麼這兩種分析法在進行資本投資決策時如此重要。

　　做生意要有效率，就一定要懂得會計及財報。你不需要成為會計師，但要懂得會計語言，並且學會由內而外對企業會計模式感到自在。

　　讀下去吧！

財務報表：結構與詞彙

關於本部分

　　本書是專為工作上需要使用財報，卻沒有受過正式財會訓練的人所寫的。如果你恰好就是這種人也別難過，據我猜測，在非財會背景的管理階層中，大約有 95% 都看不懂公司的帳簿。讓我們朝著看懂財報的方向前進吧。

　　本部分的內容是關於財報的結構和財務報告的專用詞彙，我們會兩者一起學，因為這樣較容易。人們總認為會計和財務報表相當複雜，主因是當中有許多專業（有時還違反直覺的）詞彙，以及一些大致上很簡單，只有細看才會變得複雜的架構。

　　常用詞彙：會計當中的某些重要字彙，常會有有別於一般意思的意義，右頁的方框裡就舉了幾個這樣的詞彙。在討論財報時，正確使用這些詞彙非常重要。所以各位一定要學會這些詞彙。數量其實不多，但非常重要。請看看以下的例子：

　　1. 銷售額和營業收入的意思是一樣的，都位於財報當中的「頂線」（top line），也就是從客戶手中收到的金額。

　　2. 利潤、報酬和收益的意思相近，都位於財報的「底線」（bottom line），也就是營業額扣除了產生該營業額之成本和其他費用後所剩下的金額。

　　要注意的是，營業收入和收益不同。營業收入位於損益表的頂端，而收益則位於底部。懂了嗎？

　　3. 成本是為了製作產品而花費的金額（通常是用於原料和勞務）。費

用則是為了開發和銷售產品、為產品記帳以及管理整個生產和銷售流程所需的費用。

4. 在錢實際送出以便付款給賣主之後，成本和費用就都成為了支出。

5. 訂單由客人下訂，用以表示有人要求在未來某時交付產品。訂單對任何一種財報都沒有影響，一直要到出貨後才有差別，而此時出貨就成了銷售。因此，出貨和銷售是同義詞。

6. 償付能力（solvency）的意思是在銀行中有足夠的錢，能支付各種帳單。獲利能力指的是銷售總額高於各項成本及費用。一間公司可能同時有獲利卻沒有足夠的償付能力，意思是雖然有賺錢，但沒有足夠的現金來支付各種帳單。

財務報表：在了解會計的專業詞彙之後，就可以明白財報的結構了。舉例來說，當我們說營業收入位於損益表的頂端，而收益位於底部時，現在的你應該就不會再感到疑惑了。

◆◆◆──────────────────────────────

銷售額和**營業收入**的意思**相同**。

利潤、報酬和**收益**的意思**相同**。

營業收入和**收益**的意思**不同**。

成本和**費用**的意思**不同**。

費用和**支出**的意思**不同**。

銷售和**訂單**不同，但和**出貨相同**。

利潤和**現金**的意思**不同**。

償付能力和**獲利能力**的意思**不同**。

──────────────────────────────◆◆◆

在這一部分，我們會同時學習專業詞彙和財報的結構；接著我們會各用一整章來說明 3 大財報：**資產負債表**、**損益表**以及**現金流量表**。本部分的最後則會討論這 3 大財報彼此之間的交互作用，以及在什麼情況下，更改其中一種財報當中的數字需要連帶改動另一種財報的數字。

第一章會說明財務報表的一些基本規則，主要是一些基礎和假設，好讓專業的會計人員能夠理解公司的帳簿。

在**第二章**裡我們會單獨討論資產負債表：你擁有多少，又欠了多少。

緊接著**第三章**則會討論損益表，一種主要用來呈現企業的產品銷售活動，以及在銷售完成及記帳完成後，是否還有餘額的報表。

最後一種財報，通常是短期而言最重要的一種，也就是現金流量表。這種財報會在**第四章**加以討論。我們可以將這種財報視為一份簡單的支票登記簿，存錢代表現金流入，而付款則代表流出。

第五章會同時討論這 3 大財報，並展示這 3 大財報如何一同運作，並呈現企業財務狀況的真實樣貌。

第一章：12 個基本原則

會計師在準備財報時，有一些基本的規則和假設，這些規則和假設決定了哪些財務活動需要記錄，以及在何時和如何記錄。在本章結尾的時候，各位就會了解這些規則和假設對於會計和財報有多麼不可或缺。

以下是 12 個極為重要的會計原則：

1. 會計個體 (accounting entity)
2. 繼續經營 (going concern)
3. 衡量 (measurement)
4. 衡量單位 (units of measure)
5. 歷史成本 (historical cost)
6. 重要性 (materiality)
7. 估計及判斷 (estimates and judgments)
8. 一致性原則 (consistency)
9. 穩健原則 (conservatism)
10. 會計期間 (periodicity)
11. 實質重於形式 (substance over form)
12. 應計基礎 (accrual basis of presentation）

這些會計原則和假設，界定與限制了會計師們能做的事，以及財報所要呈現的內容，我們會依序加以說明。

1. 會計個體 (Accounting Entity)：會計個體指的是一個企業單位（無論該企業的法律形式為何），且該份財務報表是為了這個企業單位所編製的。會計個體原則是指「企業單位」，須與業主本身劃分開來，因為企業是一個名稱為公司的「擬制的人」，而財報便是為其而編製的。

2. 繼續經營 (Going Concern)：除非有明確的證據，不然會計師都會假設企業個體的生命週期為無限長。當然，這項假設難以證實，也常與事實不符，但卻十分有助於精簡呈現一間公司的的財務狀況，同時對於財務報表的編製過程也大有助益。

如果在審查一間公司的帳冊時，會計師有明確的理由相信該公司可能會破產，就需要發佈一份「保留意見」（Qualified Opinion），說明該公

司有結束營業的可能。我們稍後會再進一步說明這個觀念。

3. **衡量 (Measurement)**：會計要處理的是能夠被加以量化的事項，例如各種資源和經過各方同意具有一定價值的義務等。也就是說，會計只處理能加以衡量的事項。

這項假設因此遺漏了許多對公司而言珍貴的「資產」，例如忠實的客戶雖然是企業成功不可或缺的要素，但難以量化也無法為其指定價值，因此無法記錄在帳冊中。

財務報表的內容只包括將資產（企業擁有的事項）和負債（企業積欠的事項）量化後的估算價值，而資產和負債的差額就是業主權益。

4. **衡量單位 (Units of Measure)**：美元是美國公司在財報當中的價值單位，且所有海外分公司的成果也都需要轉換為美元，以利合併財務報告。由於匯率會變動，所以由外幣計算的資產和負債之價值也會跟著改變。

5. **歷史成本 (Historical Cost)**：一間公司所擁有的以及積欠的項目，皆以其原先的（歷史的）成本記錄在帳上，而不進行任何通膨調整。

例如一間公司可能擁有一棟現值 5 千萬美元的房產，但記在帳上的卻仍是當初買下該房產時的 5 百萬美元（減掉累計折舊），一個被嚴重低估價值。

這項假設會使某些在過去購入的資產的價值被低估，而且在折舊之後，記錄在帳冊上的價值還會更低。你可能會問，為何會計師要強迫我們低估資產？基本上，因為這麼做最簡單。這樣一來就不需一直估價後又重新估價。

6. **重要性 (Materiality)**：重要性指的是不同財務資訊的相對重要性。會計師們不會在細節上太過斤斤計較，但只要是對公司的財務狀況有實質且重大影響的事項，就一定要全部報告出來。

　　要記得，對一間位於街角的小藥房而言重要的事項，對 IBM 卻不一定重要（例如因捨入誤差而造成的損失）。重要性是一種非常直接明瞭的判斷方式。

　　7. 估計及判斷 (Estimates and Judgments)：任何衡量都會因為事情過於複雜和不確定性而不完全精準。在編製財務報告時常常需要進行估計和判斷，只要（1）你已竭盡所能，並且（2）預期錯誤也不會有太大影響時，有一些推估也無妨。但會計師進行推估的方式必須要在每個時期都完全相同，請在進行推估時盡可能保持一致。

　　8. 一致性原則 (Consistency)：有時同一筆會計事項可用不同的方式記在帳上，方法有許多種，端視個人的偏好。一致性原則指的是，每一間企業都應選擇一種會計方法，長期且一致地使用該方法，不可隨意變來變去。不同會計年度的衡量法必須要保持一致。

　　9. 穩健原則 (Conservatism)：會計師都有以較低的價值進行衡量的傾向，寧可低估也不要高估。舉例而言，只要在會計師覺得很有可能會發生損失時，即會將其記錄下來，而非等到之後損失實際發生時才記錄。相反的，收益則會延後到實際收到後才會加以記錄，而不記錄預期收益。

　　10. 會計期間 (Periodicity)：會計師會假設一間公司的生命可分為不同的時段，並依此報告公司的利潤和損失，通常會是一個月、一季或一年不等。

　　但這幾個時段有何特別之處？其實只是方便而已。這樣的時間夠短，管理階層還記得發生的事；同時卻又夠長，足以顯示出某些意涵，而非只是毫無規則的波動而已。我們統稱這些時段為「會計期間」。例如，一個「會計年度」可以是從今年的 10 月 1 日到明年的 9 月 30 日，或者也可以與日曆年度相同，從 1 月 1 日開始，12 月 31 日結束。

11. 實質重於形式 (Substance Over Form)：會計師報告的，是交易活動中的經濟「實質」，而非只是該事項的形式。

　　比方說，租借器材設備真正的實質是「購買」，因此在財報上會記錄為購買，而非租借。實質重於形式原則指的就是，如果是隻鴨子的話，就要報告牠是隻鴨子。

12. 應計基礎（Accrual Basis of Presentation）：這個觀念非常重要，一定要了解。會計師會將某個會計期間內所有賺錢（或虧損）的活動，全部轉換成以貨幣表示的利潤或損失。

　　財務報表中的「橫線」也許不如會計原則般重要，但如果不知道會計師如何使用這些橫線的話，也會令人摸不著頭緒。財報中通常會使用兩種不同的線，藉以代表不同類型的數值計算。

　　在財報中，單橫線代表將上方欄內的數字進行計算（加或減）；雙橫線則用於財報的最後，換言之，一旦用了雙橫線就代表這是該份財報最終的總額。

　　要注意的是，雖然財報中的所有數字都代表貨幣金額，但通常只有在頂端和底部會有貨幣符號。

a	銷貨收入 [$]
b	銷貨成本
$a-b = c$	毛利
d	推銷費用
e	研發費用
f	管理費用
$d + e + f = g$	總費用
h	利息收入
i	所得稅
$c-g + h-i = j$	淨收益 [$]

　　在應計制會計方法中，如果某個特定時段內的商業行為能帶來營業收入的話，所有相關的成本和費用都應該記錄在同一時段內。否則的話，利潤及損失可能會因為成本和費用記錄在不同時段而有所變動。

　　在應計制會計方法中，此種記錄的方式是將下列兩要素配合在一起：（1）販售產品所得的營業收入，以及（2）製造該已售產品的成本，接著扣除會計期間的其他費用，如銷售、法律和管理費用等。

　　對應計制會計而言重要的是要決定：（1）要在財務報表上報告某項銷售的時間點；（2）將已售產品的成本配對後，在財報上加以報告；以及（3）以有系統且合理的方式分配同一時段內的其他所有營業費用和成本。我們接著會逐一仔細說明。

　　收益認列原則 (Revenue recognition)：在應計制會計中，無論什麼時候收到錢，只要提供產品或服務所需的活動全部完成時，這筆交易就應當加以記錄。顧客只是訂購產品的話，還不會產生任何營業收入。只有當產品交付後，才會將營業收入記錄下來。

　　配合原則 (Matching principle)：應計制會計裡，與生產產品相關的成本（銷貨成本），會與相對應的銷售收入同時記錄。

　　分攤 (Allocation)：有許多成本並非因產品而產生的，這樣的成本就需要以合理的方式，分攤到某個會計期間裡。舉例來說，雖然一般商業保險的費用可能是在年初一次繳納完畢，卻可以拆成 12 等份，分別於每個月記錄。其他費用則是在費用發生時就記錄（會計期間內的費用）。

　　要注意的是，所有擁有存貨的企業都必須使用應計基礎之會計方法。其他企業如果想要的話，則可以使用「現金基礎」。現金基礎的財報

其實就像是現金流量表，或單純只是個支票簿的感覺。我們會在後面的章節仔細說明應計制會計的特點。

　　那麼，**是誰制訂了這些原則？**最簡單的答案是「美國財務會計準則委員會」（FASB），而這些原則就稱為「一般公認會計原則」（GAAP）。另外，FASB 的成員皆為註冊會計師（CPA）。懂了嗎？

　　在美國，所有財報都需要依照會計師同業制訂的規則及指導原則編製，這些規則統稱為一般公認會計原則，或者簡稱為 GAAP。其他國家則會使用不同的規則。

　　GAAP 是編製財報時一系列的慣例、規則以及程序，而 FASB 會將 GAAP 的這些慣例、規則與程序制定成文。

　　FASB 的任務是要「建立並改善財務會計及其報告準則，並以此來引導和教育公眾，包括發行人、稽核人員以及財務報表的使用者」。證券交易委員會（SEC）指定 FASB 為專責機構，專為美國的公開發行公司制定會計準則。

　　CPAs：註冊會計師。這些地位崇高的人通常在學院內接受過專門訓練，並且在會計事務所裡執業多年。

　　此外，他們也通過了許多考試，以便檢測他們是否完全明白會計原則與審計程序。要注意的是，FASB 的成員幾乎都是註冊會計師，而且這些會計師不僅會制訂和解釋 GAAP，還會在稽核公司時實際運用這些會計原則。所有的事情都是緊密連結在一起的。

FASB[1] 制訂會計規則，而這些規則就稱為 GAAP[2]。

[1] 美國財務會計準則委員會；[2] 一般公認會計原則。

第二章　資產負債表

對企業而言最重要的兩大財報之一。

另一個是損益表。

基礎的會計等式

◆ 基礎的會計等式要說的是：「你擁有的減去你欠的，就是你的價值。」

資產 － 負債 ＝ 股東權益
「擁有的」「積欠的」「對業主的價值」

◆ 值（worth）、淨值（net worth）、權益（equity）、業主權益（owners' equity）和股東權益（shareholders' equity）指的都是同一件事：屬於企業所有權人的企業價值。

資產負債表

將基本會計等式移項過後，資產負債表所呈現出來的是：

資產 ＝ 負債 ＋ 股東權益
「擁有的」「積欠的」 「對業主的價值」

◆ 根據定義，等式的兩端應永遠相等，也就是資產要等於負債與權益的總和。

◆ 因此，如果等式的左方新增了一筆資產，等式右方的負債或權益也勢必要增加。也就是一定要至少新增兩項紀錄，讓等式維持相等。

資產負債表的格式
至某日止

資產	負債與權益
現金	應付帳款
應收帳款	應計費用
存貨	一年內到期之負債
預付費用	應付所得稅
流動資產	流動負債
其他資產	長期債務
固定資產原始成本	股本
累計折舊	保留盈餘
固定資產淨值	股東權益
總資產	總負債與權益

資產負債表：某個時間點的快照

◆ 資產負債表呈現的，是一間企業在某個特定的日子、某個時間點（完成編製的那天）的財務樣貌。

◆ 資產負債表呈現的是：

　　　　這間企業現在擁有的：**資產**

　　　　這間企業現在積欠的：**負債**

　　　　這間企業現在的價值：**權益**

◆ 資產負債表報告了：

現在擁有的　＝　現在積欠的　＋　現在的價值

　　　「資產」　　　　　「負債」　　　　「股東權益」

資產負債表的格式
至某日止

資產

現金	A
應收帳款	B
存貨	C
預付費用	D

流動資產	A ＋ B ＋ C ＋ D ＝ E
其他資產	F
固定資產原始成本	G
累計折舊	H

固定資產淨值	G － H ＝ I
總資產	E ＋ F ＋ I ＝ J

什麼是資產？

◆ **資產**就是你收到的全部：在銀行的現金、存貨、設備、廠房。

◆ **資產**也可以是某些你擁有且有金錢價值的「權利」，例如可以向
欠款的顧客收取款項的權利。

◆ **資產**是有價值的，而且這個價值要能量化，才能在資產負債表上
認列。也就是說，所有認列在公司財報上的事項都必須換算成某
個金額。

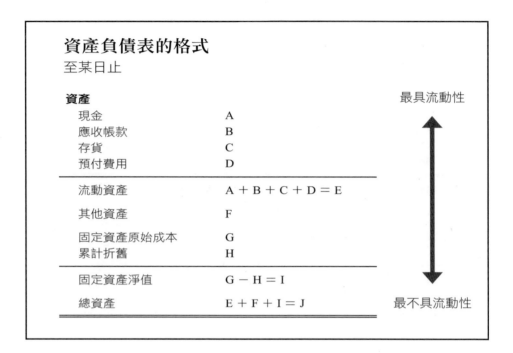

將資產分類後呈現

- 在資產負債表上，資產會依其特點加以分類，以利呈現：

    極具流動性的資產……現金以及證券

    生產性資產……工廠以及機器設備

    銷售用的資產……存貨

- **應收帳款**是一種特殊的資產分類：一間企業的客戶因為賒購的商品已交付而有付款的義務。

- **資產**會依照流動性（是否容易轉換成現金）的高低，由高至低列在資產負債表的資產區塊。現金是所有資產中最具流動性的，而固定資產則通常是最不具流動性的。

資產負債表的格式

至某日止

資產

現金	A
應收帳款	B
存貨	C
預付費用	D

➡ 流動資產　　　　A ＋ B ＋ C ＋ D ＝ E

其他資產　　　　F

固定資產原始成本　G
累計折舊　　　　H

固定資產淨值　　G － H ＝ I

總資產　　　　　E ＋ F ＋ I ＝ J

流動資產

就定義而言，**流動資產**指的是預計在 12 個月內轉換為現金的資產。

◆ **流動資產**會依其流動性之高低列出，最容易轉換成現金者最先列出：

　　　　1. 現金　2. 應收帳款　3. 存貨

◆ 當公司的**流動資產**轉換成為現金（即售出存貨，或顧客付了他們的應付帳款給公司）時，公司用以支付近期（一年內）帳單的錢就進來了。

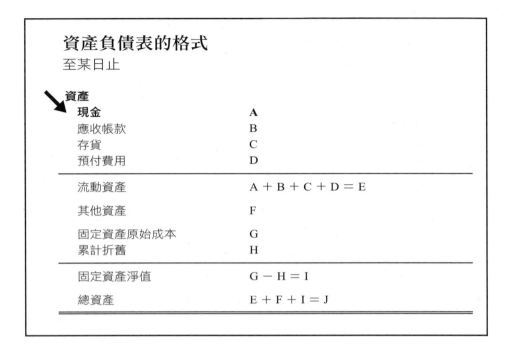

資產負債表的格式
至某日止

資產

現金	A
應收帳款	B
存貨	C
預付費用	D
流動資產	A＋B＋C＋D＝E
其他資產	F
固定資產原始成本	G
累計折舊	H
固定資產淨值	G－H＝I
總資產	E＋F＋I＝J

流動資產：現金

◆ **現金**是最具流動性的資產：可以是在銀行裡隨時可供提領的存款，以及放在公司小保險櫃裡的那些現鈔。

◆ 當你寫了一張支票來支付帳款時，也是從公司的**現金**資產裡拿錢出來。

◆ 跟資產負債表裡其他事項一樣，公司在美國的話，財報裡的**現金**皆以美元計價。一間美國的公司如果有海外分公司的話，也需要將手上所持有的外幣（以及其他國外資產）轉換成等值的美元，以利財務報告的進行。

資產負債表的格式
至某日止

資產

現金	A
應收帳款	**B**
存貨	C
預付費用	D
流動資產	A ＋ B ＋ C ＋ D ＝ E
其他資產	F
固定資產原始成本	G
累計折舊	H
固定資產淨值	G － H ＝ I
總資產	E ＋ F ＋ I ＝ J

流動資產：應收帳款

當企業以賒銷的方式，將產品交付給客戶時，該企業就取得了在未來某個時間點，向該客戶收取款項的權利。

◆ 會計師將這些收款的權利加總起來後，報告在資產負債表上，就是**應收帳款**。

◆ **應收帳款**就是顧客欠企業的「帳款」，用在當企業已經將貨品運給顧客，但顧客尚未支付貨款的情況。大多數企業之間的交易，都是以賒帳的方式進行的，通常企業會給這些賒銷的客戶大約 30 到 60 天的付款時間。

資產負債表的格式
至某日止

資產

現金	A
應收帳款	B
存貨	C
預付費用	D
流動資產	A＋B＋C＋D＝E
其他資產	F
固定資產原始成本	G
累計折舊	H
固定資產淨值	G－H＝I
總資產	E＋F＋I＝J

流動資產：存貨

◆ **存貨**可以指已經製造完成，隨時可以販售給客戶的產品，也可以指用來製造產品的原料。一間製造業者的**存貨**包含 3 種不同類別：

1. **原料存貨**是尚未經過加工處理，且之後將用於生產過程的原料。

2. **在製品存貨**是還在加工，只有部分完成的半成品。

3. **製成品存貨**是已經製造完成的產品，只要客戶下單可立即出貨。

◆ 當製成品存貨售出時，就成為應收帳款，之後當客戶付款時，就成為現金。

資產負債表的格式
至某日止

資產

現金	A
應收帳款	B
存貨	C
預付費用	**D**

流動資產	A ＋ B ＋ C ＋ D ＝ E
其他資產	F
固定資產原始成本	G
累計折舊	H
固定資產淨值	G － H ＝ I
總資產	E ＋ F ＋ I ＝ J

流動資產：預付費用

◆ **預付費用**指的是公司已經付款，但尚未收到服務的費用。

◆ **預付費用**可能包括預付的保險費、租金、給電信公司的保證金以及預支的薪水等等。

◆ **預付費用**之所以是流動資產，不是因為這些費用可以轉換為現金，而是因為企業之後不需要再用現金來付這筆費用，因為這筆費用已經付清了。

營業週期

　　流動資產又被稱為「營運資產」，因為這些資產一直處在不斷轉換成為現金的循環之中。一間公司的**營業週期**可用下圖表示：

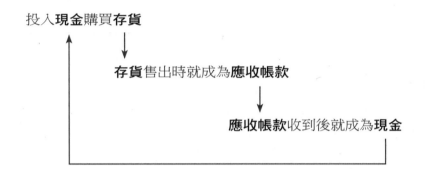

其他資產類型

- 除了流動資產之外，資產負債表上還有另外兩種主要的資產類型：**其他資產**跟**固定資產**。這些被通稱為「非流動資產」的資產，不會在一般的商業過程中被轉換為現金。
- **其他資產**是個包羅萬象的分類，包括了像是專利價值以及商標名稱等無形資產。
- 通常一間公司的**固定資產**（包括一般人說的不動產、廠房和設備等），會是公司裡最大型且最重要的非流動資產。

資產負債表的格式
至某日止

資產

現金	A
應收帳款	B
存貨	C
預付費用	D

流動資產	$A + B + C + D = E$
其他資產	F
固定資產原始成本	**G**
累計折舊	H

固定資產淨值	$G - H = I$
總資產	$E + F + I = J$

固定資產原始成本

◆ 固定資產指的是用於生產，而不打算進行販售的資產，通常會被不斷地使用，以便生產、展示、存放和運送產品。

◆ 一般而言，固定資產包含土地、建築物、機械儀器、設備、傢俱、汽車、卡車等等。

◆ **固定資產原始成本會以資產購入時的價格，記錄在資產負債表上。** 固定資產也會以固定資產淨值的形式加以呈現，也就是資產原先購入的成本減去折舊費用後的價值。請見下一頁關於折舊的討論。

資產負債表的格式
至某日止

資產

現金	A
應收帳款	B
存貨	C
預付費用	D
流動資產	A＋B＋C＋D＝E
其他資產	F
固定資產原始成本	G
累計折舊	**H**
固定資產淨值	G－H＝I
總資產	E＋F＋I＝J

折舊

- 折舊是一種會計慣例，固定資產會因為不斷使用以及時間推移而形成損耗，並導致使用價值減少，而這減少的價值也會被記錄（在損益表上）。

- 「折舊」一個資產指的是將獲得這項資產的成本，平均分攤到資產的全部使用年限中。（在資產負債表上的）**累計折舊**就是從獲得資產開始，所有折舊金額的總和。

- 在某個期間內的折舊金額會使該期間內的利潤降低，但不會使現金減少。只有在一剛開始購買這項固定資產時，才需要現金。

資產負債表的格式
至某日止

資產

現金	A
應收帳款	B
存貨	C
預付費用	D

流動資產	A＋B＋C＋D＝E
其他資產	F
固定資產原始成本	G
累計折舊	H
固定資產淨值	**G－H＝I**
總資產	E＋F＋I＝J

固定資產淨值

◆ 一間公司的**固定資產淨值**就是該公司購買固定資產的總額（固定資產原始成本），減去每一年損益表上的折舊金額之總和（累計折舊）。

◆ 所謂一項資產的帳面價值，意即一項資產呈現在公司帳簿上的價值，就是該資產購入時的價格減去累計折舊。

◆ 要注意的是，折舊不見得代表該資產的實際價值有所減少。事實上，某些資產還會隨著時間而增值。不過，即便是這些增值的資產仍然會依照慣例，在資產負債表上以較低的帳面價值呈現。

資產負債表的格式
至某日止

資產

現金	A
應收帳款	B
存貨	C
預付費用	D

流動資產	A＋B＋C＋D＝E
其他資產	**F**
固定資產原始成本	G
累計折舊	H

固定資產淨值	G－H＝I
總資產	E＋F＋I＝J

其他資產

- 資產負債表上的**其他資產**，指的是一間公司裡無法分類為流動資產或固定資產的所有其他資產。

- 無形資產（其他資產裡的大宗）是一間公司所有，在本質上具有價值但卻無形（換言之，不是有形財產）的事物。

- 舉例來說，專利、智慧財產權或是商標名稱等對企業而言，都可能有很高的價值，但卻不像機器或存貨一樣是有形的。

- 無形資產是由管理階層依照不同的會計慣例來進行定價，但過程太過複雜又武斷難解，因此不在這裡詳述。

資產負債表的格式
至某日止

	負債與權益
K	應付帳款
L	應計費用
M	一年內到期之負債
N	應付所得稅
K＋L＋M＋N＝O	流動負債
P	長期債務
Q	股本
R	保留盈餘
Q＋R＝S	股東權益
O＋P＋S＝T	總負債與權益

什麼是負債？

◆ **負債**是一間企業的經濟義務，比方像是企業欠貸款人、供應商或員工等人的錢。

◆ **負債**會依據下列條件進行分類後，呈現在資產負債表上：（1）債權人是誰，以及（2）這項債務是在一年內到期的（流動負債）還是長期的債務。

◆ **股東權益**是一種很特別的**負債**，代表了屬於企業所有權人的企業價值。然而，這項「債務」永遠不會在一般交易中加以償付。

資產負債表的格式
至某日止

	負債與權益
K	應付帳款
L	應計費用
M	一年內到期之負債
N	應付所得稅
K + L + M + N = O	流動負債
P	長期債務
Q	股本
R	保留盈餘
Q + R = S	股東權益
O + P + S = T	總負債與權益

流動負債

◆ **流動負債指的是從資產負債表日期起算，一年內須支付的款項。**

　　流動負債也是流動資產的相反：

　　　　　流動資產……會在 12 個月內為公司提供現金。

　　　　　流動負債……公司需要在 12 個月內付出現金。

◆ 流動資產所產生的現金，會在**流動負債**到期時用來償付該筆債務。

◆ **流動負債**會依據債權人是誰來分類：（1）欠供應商的是**應付帳款**；（2）欠員工或其他服務提供者的是**應計費用**；（3）欠債權人的是**流動債務**；以及（4）要給政府的**稅金**。

資產負債表的格式
至某日止

	負債與權益
K	**應付帳款**
L	應計費用
M	一年內到期之負債
N	應付所得稅
K ＋ L ＋ M ＋ N ＝ O	流動負債
P	長期債務
Q	股本
R	保留盈餘
Q ＋ R ＝ S	股東權益
O ＋ P ＋ S ＝ T	總負債與權益

流動負債：應付帳款

◆ **應付帳款**是一間公司因為賒購原料或設備，不久後需要支付給另一家公司的款項。

◆ 當公司收到原料之後，這間公司可以選擇立刻用現金支付貨款，或是之後再付，如此一來這筆款項就會成為**應付帳款**。

◆ 企業之間的交易，通常都是以賒款的方式完成。常見的付款日期為 30 天或 60 天，提早支付的話通常會有折扣，比方說 10 天以內付款的話就可以少付 2%，不然就要在 30 天內付全額（也可記為 2% 10; net 30）。

資產負債表的格式
至某日止

負債與權益

K	應付帳款
L	**應計費用**
M	一年內到期之負債
N	應付所得稅

K + L + M + N = O	流動負債
P	長期債務
Q	股本
R	保留盈餘

Q + R = S	股東權益
O + P + S = T	總負債與權益

流動負債：應計費用

◆ **應計費用**是和應付帳款類似的金錢義務。企業會依據該項費用的債權人而決定分類的方式。

◆ 應付帳款通常是用在跟商品或服務供應商賒購產品或服務時產生的債務。

◆ **應計費用**包括還沒付給員工的薪水、未付的律師費用、到期但還沒支付的銀行貸款利息等等。

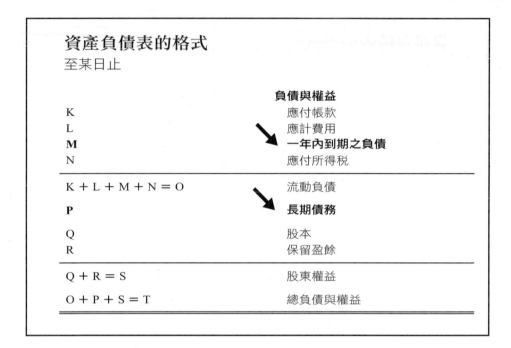

流動債務與長期債務

◆ 任何**應付票據**和**一年內到期的長期負債之一部分**都屬於流動負
債，並且會認列在資產負債表上的**一年內到期之負債**項目內。

◆ 如果一間公司跟銀行借款，且貸款的條款裡寫明要在 12 個月內
償還的話，這項債務就會稱為**應付票據**，屬於**流動負債**的一種。

◆ 若貸款的期限從資產負債表日期起算，超過 12 個月的話，就稱
為**長期債務**，最常見的例子是建築物的房貸。

另外，所謂「一年內到期的長期負債之一部分」，指的是長期負
債中需要在 12 個月內支付的金額，屬於流動負債，會被認列在
一年內到期之負債。

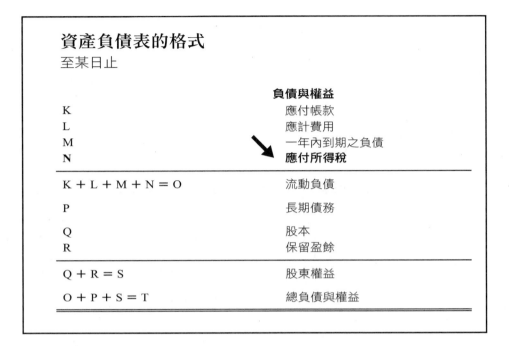

資產負債表的格式
至某日止

	負債與權益
K	應付帳款
L	應計費用
M	一年內到期之負債
N	**應付所得稅**
K + L + M + N = O	流動負債
P	長期債務
Q	股本
R	保留盈餘
Q + R = S	股東權益
O + P + S = T	總負債與權益

流動負債：應付所得稅

- 每當公司賣出商品賺到利潤時，就需要將這筆利潤當中的一定比例交給政府，我們稱之為**所得稅**。

- **應付所得稅**就是一間公司應該繳給政府，但還沒繳的所得稅。

- 在美國，每隔三個月左右，公司會寄一張支票給政府繳納未付的所得稅款。而公司在賺到利潤之後，到實際繳納稅款之前的這段期間，會將公司應付的所得稅額認列為**應付所得稅**，記錄在資產負債表上。

營運資金

◆ 一間公司的**營運資金**就是將流動資產減去流動負債之後剩下的總額。

「好東西」　「沒這麼好的東西」　「超棒的東西」

流動資產　－　流動負債　＝　營運資金

現金	應付帳款
應收帳款	應計費用
存貨	一年內到期之負債
預付費用	應付所得稅

◆ **營運資金**就是一間企業在短期內，可以用於營運上的金錢總額，以現金的形式讓公司的運作得以繼續進行。**營運資金**也被稱為「流動資產淨值」或單純稱為「資金」。

營運資金的來源與用途

◆ 營運資金的**來源**，指的是在一般營業過程中，營運資金增加的方式。在下列情況下，營運資金會增加：

(1) 流動負債減少。

(2) 流動資產增加。

◆ 營運資金的**用途**（或稱為應用），指的是在一般營業過程中，營運資金減少的方式。例如下列情況：

(1) 流動資產減少。

(2) 流動負債增加。

◆ 有很多營運資金的話，要支付「流動的」財務義務（12 個月內需要繳付的帳單）就會比較容易。

資產負債表的格式
至某日止

	負債與權益
K	應付帳款
L	應計費用
M	一年內到期之負債
N	應付所得稅
K＋L＋M＋N＝O	流動負債
P	長期債務
Q	股本
R	保留盈餘
Q＋R＝S	股東權益
O＋P＋S＝T	總負債與權益

總負債

- 注意：在多數資產負債表中，**總負債**不會有另外一條分隔線。

- 公司的**總負債**就是**流動負債與長期債務的總和**。

- 長期債務是指任何從資產負債表的日期起算，超過 12 過月以上才需償付之債。

- 常見的長期債務種類包括了土地貸款、房貸，以及機器和設備等的動產抵押。

資產負債表的格式

至某日止

	負債與權益
K	應付帳款
L	應計費用
M	一年內到期之負債
N	應付所得稅
K＋L＋M＋N＝O	流動負債
P	長期債務
Q	股本
R	保留盈餘
Q＋R＝S	**股東權益**
O＋P＋S＝T	總負債與權益

股東權益

◆ 如果將公司積欠的（總負債）從公司擁有的（總資產）中減去，剩下的就是公司對於所有權人而言的價值，也就是**股東權益**。

◆ **股東權益**有兩個部分：

　　1. 股本：股東當初投入到公司股票中，做為投資的現金總額。

　　2. 保留盈餘：所有公司累積下來的收益，換言之就是無需分給股東做為股利的收益。

◆ 注意：「淨值」和「帳面價值」指的都是**股東權益**。

資產負債表的格式

至某日止

	負債與權益
K	應付帳款
L	應計費用
M	一年內到期之負債
N	應付所得稅
K＋L＋M＋N＝O	流動負債
P	長期債務
Q	**股本**
R	保留盈餘
Q＋R＝S	股東權益
O＋P＋S＝T	總負債與權益

股本

- 公司剛起步時的起始資金，以及後來投資到公司的額外資金，會以企業股東所持有的**股本**股數呈現出來。

- 所謂的普通股，就是所有公司都有的一般「所有權的單位」。所有公司都會發行普通股，但也可能會發行其他種類的股票。

- 許多公司也常會發行特別股，這類股票會擁有某些契約權利或是普通股沒有的「優先權利」。這些權利可能包括特定的股利以及（或是）當公司要清算時，可以比普通股持有人優先接收公司的資產。

資產負債表的格式

至某日止

	負債與權益
K	應付帳款
L	應計費用
M	一年內到期之負債
N	應付所得稅
K＋L＋M＋N＝O	流動負債
P	長期債務
Q	股本
R	**保留盈餘**
Q＋R＝S	股東權益
O＋P＋S＝T	總負債與權益

保留盈餘

◆ 公司沒有作為股利還給股東的所有利潤，都稱為**保留盈餘**。

保留盈餘 ＝ 利潤總額 －股利總額。

◆ **保留盈餘**可以視為是一個「存錢桶」，未來的股利可以從中加以支付。事實上，除非在資產負債表上有足夠的保留盈餘能夠支付股利總額，不然是不會將股利發給股東的。

◆ 如果公司沒有獲利，而是蒙受虧損的話，就會出現「負數的保留盈餘」，又被稱為「累計虧損」。

資產負債表的格式
至某日止

	負債與權益
K	應付帳款
L	應計費用
M	一年內到期之負債
N	應付所得稅
K＋L＋M＋N＝O	流動負債
P	長期債務
Q	股本
R	保留盈餘
Q＋R＝S	**股東權益**
O＋P＋S＝T	總負債與權益

股東權益的變化

◆ **股東權益**是投資在公司股票的總額加上所有獲利（減去損失）之後，再減去發放給股東的股利。

◆ **股東權益**的值在下列情況下會**增加**：（1）公司有獲利，因此保留盈餘增加，或是（2）發行新股給投資人，因此股本增加。

◆ **股東權益**的值在下列情況下會**減少**：（1）公司有損失，因此保留盈餘減少，或是（2）發放股利給股東，因此保留盈餘減少。

資產負債表的格式
到某日止

資產	負債與權益
現金	應付帳款
應收帳款	應計費用
存貨	一年內到期之負債
預付費用	應付所得稅
流動資產	流動負債
其他資產	長期債務
固定資產原始成本	股本
累計折舊	保留盈餘
固定資產淨值	股東權益
總資產	總負債與權益

資產負債表摘要

◆ 資產負債表呈現的，是一間公司在特定日子、特定時間點的財務
狀況。

「現在擁有的」　「現在積欠的」　　「現在的價值」

資產　＝　　負債　＋　　股東權益

◆ 根據定義，等式的兩端應該永遠相等，也就是資產要等於負債與
權益的總和。

◆ **資產負債表**和**損益表**，是公司的兩大財務報表。

第三章 損益表

對企業而言最重要的兩大財報之一。

另一個是資產負債表。

損益表的格式

x 到 y 期間

銷貨淨額	1
銷貨成本	2
毛利	1 － 2 ＝ 3
推銷費用	4
研發費用	5
管理費用	6
營業費用	4 ＋ 5 ＋ 6 ＝ 7
營業利益	3 － 7 ＝ 8
利息收入	9
所得稅	10
本期淨利	8 ＋ 9 － 10 ＝ 11

損益表

◆ **損益表**為一間企業的財務是否健全提供了一個很重要的資訊：**企業的獲利能力。**

◆ 注意：**損益表並不會呈現公司財務狀況的全貌。**

　　　　資產負債表報告的是資產、負債和權益。

　　　　現金流量表則是報告現金的流動狀況。

　　　　損益表並不會顯示一間公司什麼時候收到現金，或是該公司目前手頭上有多少現金。

損益表（續）

◆ **損益表**呈現的是公司在一段期間內的製造和銷售活動：

這段期間內**賣了什麼**

減

生產的**成本**

減

這段期間內的銷售和總務**費用**

等於

這段期間的**收入**。

◆ **損益表**記錄的是特定期間內（一個月、一季或一年）的第二個基本會計等式：

銷售收入 － 成本和費用 ＝ 營業利益

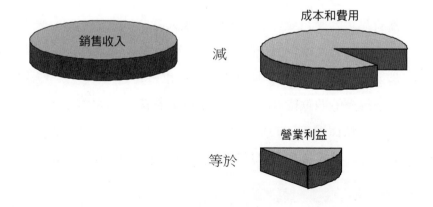

損益表的格式

x 到 y 期間

銷貨淨額	1
銷貨成本	2
毛利	1 － 2 ＝ 3
推銷費用	4
研發費用	5
管理費用	6
營業費用	4 ＋ 5 ＋ 6 ＝ 7
營業利益	3 － 7 ＝ 8
利息收入	9
所得稅	10
本期淨利	8 ＋ 9 － 10 ＝ 11

銷貨淨額

◆ 當貨品實際交付給客戶時，**銷售收入**就會被記錄在損益表上。於
　是客戶就有為購買的貨品付款之義務，而公司則有收款之權利。

◆ 當公司將貨品運送給客戶時，通常也會寄出一張發票（帳單）。
　公司擁有的收款權利會認列在**資產負債表**上的**應收帳款**裡。

◆ 注意：**銷貨淨額**指的是公司在一筆交易中，最終會收到的總額，
　換言之，是**定價再減掉所有為了吸引顧客而開出的折扣**。

銷售 vs. 訂單

- 當公司實際把貨品交付給顧客時，**銷售**才成立。至於**訂單**則是另外一回事。

- 只有在客戶訂的產品離開了裝貨區，正在送往客戶公司的路途上，**訂單**才會成為**銷售**。

- 當**銷售**成立時，就會在損益表上產生銷售收入。**訂單**只會讓要出貨給客戶，但還未出貨的紀錄（backlog）增加而已，不會對損益表產生任何影響。光是收到訂單並不會帶來任何的收入。

成本

- 用在原料、員工薪資、製造費用等等事物上的錢，通稱為**成本**。換言之，**成本**就是購買（或生產）產品做為存貨時所付的錢。

- 當存貨售出，也就是商品已交付給客戶時，這項商品的**總成本**就會從存貨項目中被拿掉，改以**銷貨成本**這項特殊的費用登記在損益表上。

- **成本**會使現金減少，並增加資產負債表上的存貨額。只有在存貨售出之後，這個存貨的值才會從資產負債表轉移到損益表，以**銷貨成本**記錄在損益表上。

損益表的格式
x 到 y 期間

銷貨淨額	1
銷貨成本	**2**
毛利	1 － 2 ＝ 3
推銷費用	4
研發費用	5
管理費用	6
營業費用	4 ＋ 5 ＋ 6 ＝ 7
營業利益	3 － 7 ＝ 8
利息收入	9
所得稅	10
本期淨利	8 ＋ 9 － 10 ＝ 11

銷貨成本

◆ 當產品送出且銷售也已完成記錄時，公司就會將生產這項產品所產生的總成本，以**銷貨成本**記錄在損益表上。

◆ 請記住，公司在製造產品時，是把這個產品的成本加到存貨的值裡面去。

◆ 生產產品的成本會先累計在存貨，直到產品售出為止。產品售出之後，這些成本就會成為費用，記入損益表的**銷貨成本**。

損益表的格式
x 到 y 期間

銷貨淨額	1
銷貨成本	2
毛利	**1 － 2 ＝ 3**
推銷費用	4
研發費用	5
管理費用	6
營業費用	4 ＋ 5 ＋ 6 ＝ 7
營業利益	3 － 7 ＝ 8
利息收入	9
所得稅	10
本期淨利	8 ＋ 9 － 10 ＝ 11

毛利

毛利就是將生產產品的成本（銷貨成本），從銷售額扣除之後剩下的總額。**毛利**有時也會稱為**毛利潤**，也就是公司生產產品的**邊際利潤**。

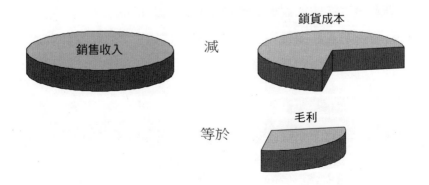

成本 vs. 費用

◆ 我們用**成本**和**費用**這兩種不同的詞，來說明兩種不同的公司支出：

    (1) 用於製造產品以增加存貨的支出，叫做**成本**。

    (2) 所有其他營業上的支出，則通稱為**費用**。

◆ 注意：正確使用**成本**和**費用**這兩個詞，將有助我們了解損益表和資產負債表之間的關聯。

    一項**支出**有可能會是成本或費用，只是單純指用現金付費購買一項物品而已。

費用

◆ **費用**包含了用在開發和銷售產品的錢，以及在公司營運時，其他「總務及管理」等所需的支出。

◆ **費用**可能包含了像是法律顧問的費用、給業務人員的薪水，或是幫研發實驗室購買化學原料的費用等等。

◆ **費用**會直接使損益表上的營業利益減少。

◆ 注意：利潤和營業利益的意思是一樣的，都是指銷售收入減去成本和費用之後剩下的總額。

損益表的格式
x 到 y 期間

銷貨淨額	1
銷貨成本	2
毛利	1 － 2 ＝ 3
推銷費用	4
研發費用	5
管理費用	6
營業費用	**4 ＋ 5 ＋ 6 ＝ 7**
營業利益	3 － 7 ＝ 8
利息收入	9
所得稅	10
本期淨利	8 ＋ 9 － 10 ＝ 11

營業費用

◆ **營業費用**是一間公司為了要產生營業收入的過程中，產生的所有支出（花出去的錢）。

◆ **營業費用**當中常見的分類包括：

　　1. 推銷費用。

　　2. 研發費用。

　　3. 管理費用。

◆ **營業費用**有時也被稱為「SG&A 費用」，意思是銷售（sales）、總務（general）和管理（administrative）的費用。

營業利益或（虧損）

◆ 如果銷售總額高於成本加費用的總額（依據損益表上的紀錄）
時，這間公司就有了**營業利益**。但如果成本和費用的總和高於銷
售額的話，就有了**虧損**。

◆ 營業利益、利潤和報酬的意思差不多，都是指銷售收入減掉費用
與成本後剩下的總額。

注意：損益表（Income Statement）有時又會被稱為收益表
（Profit & Loss Statement）或盈餘表（Earnings Statement），或是
簡稱為 P&L。

◆ 記得：**營業利益**是兩個非常大的數字之間的差額：銷售額減掉成
本與費用。只要銷售額稍微低了一些，而且（或者）成本和費用
稍微高了一些，都有可能會使預期利潤被抵銷掉，甚至導致**虧
損**。

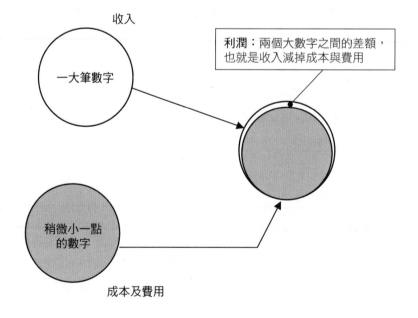

損益表的格式

x 到 y 期間

銷貨淨額	1
銷貨成本	2
毛利	$1 - 2 = 3$
推銷費用	4
研發費用	5
管理費用	6
營業費用	$4 + 5 + 6 = 7$
營業利益	$\mathbf{3 - 7 = 8}$
利息收入	9
所得稅	10
本期淨利	$8 + 9 - 10 = 11$

營業利益

◆ 以一間製造業的公司來說，其營運包含了在生產和銷售產品過程中，所需採取的一切行動，而這些行動會帶來費用與成本。**營業利益**指的是將銷售額減去費用與成本後，剩下的總額。

◆ 注意：公司也可能因為財務活動（非營業活動）而產生收入與費用。比方說，一間製造業的公司賣掉一部分房地產，以賺取利潤。

損益表的格式

x 到 y 期間

銷貨淨額	1
銷貨成本	2
毛利	1 － 2 ＝ 3
推銷費用	4
研發費用	5
管理費用	6
營業費用	4 ＋ 5 ＋ 6 ＝ 7
營業利益	3 － 7 ＝ 8
利息收入	9
所得稅	**10**
本期淨利	8 ＋ 9 － 10 ＝ 11

營業外收入與費用

- 支付貸款利息，就是所謂的**營業外費用**。同樣的，公司現金存款帳戶收到的利息則是**營業外收入**。

- 由於利息收入（或費用）是來自非營業相關的活動，因此記錄在損益表上時，會放在營業利益的下方。稅的情況也類似。

- 注意：一間公司有可能在營業方面有利潤，但整體來看卻仍然有虧損。這種哀傷的狀況，在**營業外費用**（例如非常高的利息費用）高於總營業利益時，就會發生。

損益表的格式

x 到 y 期間

銷貨淨額	1
銷貨成本	2
毛利	$1 - 2 = 3$
推銷費用	4
研發費用	5
管理費用	6
營業費用	$4 + 5 + 6 = 7$
營業利益	$3 - 7 = 8$
利息收入	9
所得稅	10
本期淨利	$\mathbf{8 + 9 - 10 = 11}$

本期淨利

◆ **本期淨利**是兩個大數字：（1）銷售的總額，與（2）成本加費用之間的差額。如果成本跟費用加起來高於銷售總額的話，公司就會有虧損。反之，如果成本跟費用加起來低於銷售總額的話，公司就會有利潤。

◆ 記住：**收益並不是現金**，事實上，一間獲利能力很高、擁有很多淨利的公司也有可能無力償付債務，意思就是沒有足夠的現金支付所有帳單。

◆ 通常，成長快速的公司即便獲利能力很高，現金仍然很有可能短缺，因為這些公司的盈餘，無法提供快速成長所需的資金。

損益表的格式

頂線　x 到 y 期間

銷貨淨額	**1**
銷貨成本	2
毛利	1 － 2 ＝ 3
推銷費用	4
研發費用	5
管理費用	6
營業費用	4 ＋ 5 ＋ 6 ＝ 7
營業利益	3 － 7 ＝ 8
利息收入	9
所得稅	10
本期淨利	**8 ＋ 9 － 10 ＝ 11**

底線

收益（利潤）vs. 銷售額（收入）

◆ 人們常常會將**收益**和**收入**兩個詞搞混，但這兩個詞的意思非常不同：

> **利潤**和**收益**的意思是一樣的。
>
> **銷貨額**和**收入**的意思一樣。

◆ **收益**（又稱為**利潤**）位於損益表的底端。**銷售額**（又稱為**收入**）則位於損益表的頂端。

◆ 人們常常會用底線來稱呼**收益**，因為收益底下的線就是損益表的底線了。

◆ **銷售額**則常被稱為頂線，因為其位於損益表的最上端。

損益表的格式

x 到 y 期間

銷貨淨額	1
銷貨成本	2
毛利	$1 - 2 = 3$
推銷費用	4
研發費用	5
管理費用	6
營業費用	$4 + 5 + 6 = 7$
營業利益	$3 - 7 = 8$
利息收入	9
所得稅	10
本期淨利	$8 + 9 - 10 = 11$

損益表摘要

◆ 損益表會將下列事項結總，並呈現這些事項對公司財務之影響：

產品交付給客戶（**銷售**）

減

製造和銷售這些產品所付出的努力（**成本與費用**）

等於

過程中產生的價值（**營業利益**）

◆ 在一間公司裡，能夠產生利益或導致虧損的所有商業活動（換言之，所有會改變股東權益總值的交易），都會記錄在損益表上。

應計基礎 vs. 現金基礎

◆ 現金基礎或應計基礎，是公司記帳的兩種主要方式，差別在於**什麼時候記錄收入和支出**。

◆ 如果這間公司是在現金收到時記錄利益，且在付出現金時就記錄支出的話，代表這間公司是以現金基礎運作，跟個人支票的概念有點像。

◆ 如果只要交易發生就記錄利益和支出，而不管實際的現金流動狀況的話，就是以應計基礎來運作。稍後有更多說明。

現金基礎

◆ **現金基礎**的簿記方式是最簡單的，運作的方式就像是幸運餅乾罐一樣。當以**現金基礎**來記帳時，只有在現金有流動時，才會在會計上記錄這筆交易。

◆ 在**現金基礎**的作帳方式中，損益表和現金流量表會是一樣的。

◆ 一般來說，大部分的人在生活中記帳時，都是用**現金基礎**，但大部分的公司則是以**應計基礎**來記帳。根據美國國稅局（IRS）規定，所有保有存貨以進行銷售的公司，都必須以應計制會計方法來報告他們的利益。

應計基礎

◆ 在**應計基礎**的會計方法中，會影響到損益表的，不是現金的流動，而是是否產生了需要在未來付款的義務（應付帳款）。

◆ 在**應計基礎**的會計方法下，當公司有付款的義務時，就產生了支出，而不是真的把錢支付出去時才產生；而當把貨物交付給客戶且客戶有付款的義務時，就會記錄銷售額與成本，而不是在客戶實際付款時才記錄。

◆ 打個比方，在**應計基礎**的會計方法中，在刷了簽帳卡的那個當下，就會使得淨值減少，而不是在真的付帳單的時候才減少。

損益表與資產負債表

◆ 企業的**損益表**與**資產負債表**必定是相互連動的：
如果一家公司的**損益表**上顯示本期有**淨利**的話，**資產負債表**上的**保留盈餘**就會隨之增加。
接著，該公司的**資產**也需要跟著增加，或是**負債**要減少，這樣**資產負債表**才能維持相等。

◆ 因此，**損益表**顯示的是**一間公司在一段期間內的所有商業行動**，而這些行動會使**資產負債表**上的**資產增加**，或使**負債減少**。

第四章　現金流量表

公司的錢從哪裡來，又將流向哪裡。

現金流量表格式

x 到 y 期間

期初現金	a
收現	b
付現	c
營業活動之現金	b － c ＝ d
取得固定資產	e
借款淨增加（或減少）	f
支付之所得稅	g
發行股票	h
期末現金餘額	a ＋ d － e ＋ f － g ＋ h ＝ i

現金流量表

- **現金流量表**可以追蹤一間公司在一定期間內的現金變動。

- 一間公司的**現金流量表**就像是支票簿一樣，會將公司所有要用錢（支票）或會提供錢（存錢）的交易記錄下來。

- **現金流量表**呈現的是：

在期初時擁有的**現金**

加

在這期間內收到的**現金**

減

在這期間內花掉的**現金**

等於

期末時手上擁有的**現金**。

現金交易

◆ 所謂的**現金交易**（cash transactions），是指會影響到現金流量的交易。舉例來說：

支付薪水會使**現金減少**。

付錢購買設備會使**現金減少**。

繳付貸款的款項也會使**現金減少**。

收到跟銀行借貸的款項會使**現金增加**。

收到股票投資人的錢會使**現金增加**。

收到顧客的錢也會使**現金增加**。

◆ 注意：上面的例子中說的「支付」和「收到」，都是指**交易中現金已確實轉手**的情況。

非現金交易

◆ 所謂的**非現金交易**，指的是現金沒有流入或流出公司的商業活動。**非現金交易**對於現金流量表沒有影響，但會影響到損益表和資產負債表。

◆ **非現金交易**的例子有：交付產品給客戶、從供應商手中收到貨品以及收到生產所需的原料等，在這些原料買賣交易中，在交易的當下，現金並沒有真的轉手，是之後才有。

◆ 注意：現金在客戶為產品付款時才會流進公司，而不是在公司把產品交付給客戶的時候。同樣的，現金是在公司真的為原物料付款時才流出公司，而不是在下訂或收到原物料時。

現金流量

◆ 有**正現金流量**的話就表示在一段期間內，公司在期末擁有的現金高於期初。

◆ 相反，有**負現金流量**的話就表示在一段期間內，公司在期末擁有的現金低於期初。

◆ 如果一間公司持續有負的**現金流量**的話，就有現金不足，或是在繳費期限到時無法繳納的風險。換個方式說的話，就是：**破產、沒錢、無力清償。**

現金的來源與用途

◆ **現金**進到公司（**來源**）的方法有兩大類：
  1. 營業活動，像是收到顧客的付款等。
  2. 融資活動，例如發行股票或借款等。

◆ **現金**流出公司（**用途**）的方式，主要有四種：
  1. 營業活動，像是付款給供應商和員工。
  2. 融資活動，像是支付債務的利息和本金或支付股利給股東。
  3. 進行重大的資本投資，購買可以使用很久的生產性資產，像是機器設備等。
  4. 支付所得稅給政府。

現金流量表格式

x 到 y 期間

期初現金	a
收現	b
付現	c
營業活動之現金	$b - c = d$
取得固定資產	e
借款淨增加（或減少）	f
支付之所得稅	g
發行股票	h
期末現金餘額	$a + d - e + f - g + h = i$

營業活動之現金

◆ 公司的一般日常商業活動（生產和販售產品）通稱為營業活動。

◆ 現金流量表會將**營業活動之現金**與其他現金流量分開來呈現。

◆ **收現**指的是因為營業活動而流入公司的現金。

◆ **付現**則是因為營業活動而流出的現金。

◆ 收現（流入的現金）減掉付現（流出的現金）就等於**營業活動之現金**。

現金流量表格式

x 到 y 期間

期初現金	a
收現	**b**
付現	c
營業活動之現金	b － c ＝ d
取得固定資產	e
借款淨增加（或減少）	f
支付之所得稅	g
發行股票	h
期末現金餘額	a ＋ d － e ＋ f － g ＋ h ＝ i

收現

- **收現**（cash receipts，英文又稱 collections 或簡稱 receipts）指的是從客戶收取到的現金。

- **收現**會增加公司可以運用的現金總額。

  注意：從客戶收到現金會減少資產負債表上的應收帳款（客戶欠公司的錢）。

- **收現並不是利潤**。利潤是其他許多部分的總稱，所以別將這兩種概念混淆了。**利潤會在報告在損益表上。**

現金流量表格式

x 到 y 期間

期初現金	a
收現	b
付現	**c**
營業活動之現金	b － c ＝ d
取得固定資產	e
借款淨增加（或減少）	f
支付之所得稅	g
發行股票	h
期末現金餘額	a ＋ d － e ＋ f － g ＋ h ＝ i

付現

- **付現**指的是用支票或現金支付包括房租、存貨以及支付款項給供應商或員工薪水等。**付現**會降低公司手上可以運用的資金。

- **付現**（付款）給供應商，代表公司欠的錢減少了，也就是公司在資產負債表上的應付帳款減少了。

- **付現**（Cash disbursements）又稱為 payments 或 disbursements。

影響現金流量的其他因素

◆ **營業活動之現金**報告的是公司因為生產和銷售產品的過程，而流入以及流出的現金。

◆ **營業活動之現金**很適合用來衡量一間公司在一般日常的商業活動方面的表現，也就是其營業表現。

◆ 但要記得，**營業活動之現金**只是所有影響現金流量的因素中很重要的一部分。其他重要的現金流量因素還包括：

　1. 對固定資產的投資，如購買生產用的機械設備等。

　2. 融資活動，像是發行股票給投資人、向銀行借款、支付股利或是繳稅給政府等。

現金流量表格式

x 到 y 期間

期初現金	a
收現	b
付現	c
營業活動之現金	b － c ＝ d
取得固定資產	e
借款淨增加（或減少）	f
支付之所得稅	g
發行股票	h
期末現金餘額	a ＋ d － e ＋ f － g ＋ h ＝ i

取得固定資產

◆ 用在購買不動產、廠房和機器設備（PP&E）等固定資產的錢，是針對公司長期的生產和銷售能力的投資。

◆ 因此，用於 PP&E 的費用不會被認定為是營業支出，所以不會記錄在營業活動中的付現。用於支付 PP&E 費用的現金會記在現金流量表上的另一個線上。取得固定資產視同投資具生產力的資產。

◆ 當然，在支付 PP&E 的費用之後，公司擁有的現金就減少了。真正有用到現金的時間，是在購買 PP&E 的當下。所以要注意的是，固定資產折舊時，因為不用寫支票付錢給任何人，公司沒有真的使用到現金。

現金流量表格式

x 到 y 期間

期初現金	a
收現	b
付現	c
營業活動之現金	b － c ＝ d
取得固定資產	e
借款淨增加（或減少）	**f**
支付之所得稅	g
發行股票	h
期末現金餘額	a ＋ d － e ＋ f － g ＋ h ＝ i

借款淨增加（或減少）

◆ 借款會增加公司擁有的現金。

◆ 相反的，繳納貸款則會減少公司手頭的現金。

◆ 在特定期間內，新增的借款與償還的貸款之間的差額，就叫做**借款淨增加（或減少）**。同一時期內的借款淨增加或減少會記錄在現金流量表的另一個線上。

現金流量表格式

x 到 y 期間

期初現金	a
收現	b
付現	c
營業活動之現金	b － c ＝ d
取得固定資產	e
借款淨增加（或減少）	f
支付之所得稅	**g**
發行股票	h
期末現金餘額	a ＋ d － e ＋ f － g ＋ h ＝ i

支付之所得稅

- 有未繳的所得稅和真的繳納是兩回事。每一次只要公司售出貨物賺取利潤時，就會累積更多未繳的所得稅。

- 但單純累積未繳的所得稅不會讓現金減少。只有在真的寫了支票或用現金繳納到期的所得稅給政府時，才會真的減少公司手頭的現金。

- 支付所得稅給政府會降低公司可運用的現金。所以**支付之所得稅**會記錄在現金流量表上。

現金流量表格式

x 到 y 期間

期初現金	a
收現	b
付現	c
營業活動之現金	$b - c = d$
取得固定資產	e
借款淨增加（或減少）	f
支付之所得稅	g
發行股票	**h**
期末現金餘額	$a + d - e + f - g + h = i$

發行股票：新的權益

◆ 當人們投資一間公司的**股票**時，他們其實是在用一張紙交換另一張紙：用實際的紙鈔交換一張股份證書，也就是股票。

◆ 當公司售出**股票**給投資人時，這間公司就收到了錢，增加手頭上可運用的現金。

◆ **發行股票**是公司能做的事情中，最接近印鈔票的作法……而且是完全合法的，除非你故意誤導某些孤兒寡母，讓他們誤會股票的實際價值，如果是這樣的話，美國證券交易委員會（SEC）會把你抓去關的，真的。

現金流量表格式

x 到 y 期間

期初現金	a
收現	b
付現	c

營業活動之現金	$b - c = d$
取得固定資產	e
借款淨增加（或減少）	f
支付之所得稅	g
發行股票	h
期末現金餘額	$a + d - e + f - g + h = i$

期末現金餘額

- 期初現金（在該會計期間開始的時候）加上或減去會計期間所有的現金交易，就等於**期末現金餘額**。

- 因此：期初手上有的**現金，**

  加上取得的**現金，**

  減掉花用的**現金，**

  等於期末**現金**餘額。

現金流量表格式

x 到 y 期間

期初現金	a
收現	b
付現	c
營業活動之現金	b － c ＝ d
取得固定資產	e
借款淨增加（或減少）	f
支付之所得稅	g
發行股票	h
期末現金餘額	a ＋ d － e ＋ f － g ＋ h ＝ i

現金流量表摘要

◆ 我們可以將一間公司的**現金流量表**想成是一本支票登記簿，上面報告了特定會計期間內，公司所有的花費（現金流出）和存款（現金流入）。

◆ 在一筆交易中，**現金沒有真的轉手的話，現金流量表也不會有任何變化**。

◆ 但要注意的是，資產負債表和損益表則可能因為非現金的交易而隨之更動。

◆ 另外也要注意的是，現金交易（也就是現金流量表上報告的內容）通常也會影響到損益表和資產負債表。

第五章　報表間的連結

從本章開始，我們要正式開始學習 3 種主要財報之間彼此的連結，以及這 3 種報表如何一同呈現出一間公司真實的財務狀況。

在先前的章節裡，我們將 3 種主要財報的用語和架構都分別介紹了一遍。接下來在本章，我們要將這 3 種財報合在一起看，將他們作為公司報告財務的工具。我們將會了解損益表和資產負債表的連結為何，以及這兩種報表上的改動會如何影響現金流量表。

首先，要記得這 3 種主要財報各自的基本功能為何：

1. 損益表顯示的是一間公司生產和販售產品的活動中，所帶來的利潤或損失。
2. 現金流量表則詳細報告了現金流入或流出一間公司的流動狀況。
3. 資產負債表記錄的則是公司所擁有和所欠的東西，其中也包括了所有權人的權益。

每一種報表都從不同（但非常必要）的角度，檢視一間公司的財務狀況，而且每一種財報都和另外兩種財報環環相扣。記得複習後面幾頁的例子，以便了解這 3 種主要財報之間的自然「連結」。

資產負債表連結：資產負債表和另外兩種財報的連結。

銷售循環：一間公司如果要在財務報表上報告銷售和收到的款項時，有哪些重複性的紀錄是一定要做的。

費用循環：營業費用的紀錄，以及這些營業費用後續的實際支出。

投資循環：和資本投資及債之取得有關的紀錄。

資產取得／折舊循環：與資產取得及折舊有關的紀錄。

在大家學習如何報告兩件很重要的事物進入或離開公司（以及財報）的同時，有一些訣竅提供給大家：

1. 注意現金的流動
2. 注意貨品及服務的流動

究其根本，財報記錄的是現金、貨物和服務流入及流出公司的狀況，這就是財報的核心。就是這麼簡單，其他都只是小細節，不用太過拘泥。

繼續讀下去吧，我們已經大有進展了！

財報記錄現金、貨物和服務流入及流出公司的狀況，這就是財報的核心。就是這麼簡單，其他都只是小細節，不用太過拘泥。

損益表
一定期間

	1	銷貨淨額	$3,055,560
	2	銷貨成本	2,005,830
1－2＝3		毛利	1,049,730
	4	推銷費用	328,523
	5	研發費用	26,000
	6	管理費用	203,520
4＋5＋6＝7		營業費用	558,043
3－7＝8		營業利益	491,687
	9	利息收入	(100,000)
	10	所得稅	139,804
8＋9－10＝11		本期淨利	$251,883

現金流量表
一定期間

	a	期初現金	$155,000
	b	收現	2,584,900
	c	付現	2,796,438
b－c＝d		營業活動之現金	(211,538)
	e	取得固定資產	1,750,000
	f	借款淨增加（或減少）	900,000
	g	支付之所得稅	0
	h	發行股票	1,550,000
a＋d－e＋f－g＋h＝i		期末現金餘額	$643,462

> **資產負債表連結**

> 現金流量表上的**期末現金餘額**一定要等於資產負債表上的**現金**。

≡

資產負債表
至特定日期止

	A	現金	$643,462
	B	應收帳款	454,760
	C	存貨	414,770
	D	預付費用	0
A＋B＋C＋D＝E		流動資產	1,512,992
	F	其他資產	0
	G	固定資產原始成本	1,750,000
	H	累計折舊	78,573
G－H＝I		固定資產淨值	1,671,427
E＋F＋I＝J		總資產	$3,184,419
	K	應付帳款	$236,297
	L	應計費用	26,435
	M	一年內到期之負債	100,000
	N	應付所得稅	139,804
K＋L＋M＋N＝O		流動負債	502,536
	P	長期債務	800,000
	Q	股本	1,550,000
	R	保留盈餘	331,883
Q＋R＝S		股東權益	1,881,883
O＋P＋S＝T		總負債與權益	$3,184,419

> 根據會計的基本等式，**總資產等於總負債加上股東權益**。而且依照原理，資產負債表必須要一直維持均衡。

≡

損益表
一定期間

	1	銷貨淨額	$3,055,560
	2	銷貨成本	2,005,830
1 − 2 = 3		毛利	1,049,730
	4	推銷費用	328,523
	5	研發費用	26,000
	6	管理費用	203,520
4 + 5 + 6 = 7		營業費用	558,043
3 − 7 = 8		營業利益	491,687
	9	利息收入	(100,000)
	10	所得稅	139,804
8 + 9 − 10 = 11		本期淨利	$251,883

現金流量表
一定期間

資產負債表連結

	a	期初現金	$155,000
	b	收現	2,584,900
	c	付現	2,796,438
b − c = d		營業活動之現金	(211,538)
	e	取得固定資產	1,750,000
	f	借款淨增加（或減少）	900,000
	g	支付之所得稅	0
	h	發行股票	1,550,000
a + d − e + f − g + h = i		期末現金餘額	$643,462

為了讓資產負債表維持平衡，當我們從資產項目中**減去**一定金額後，也必須要……

資產負債表
至特定日期止

	A	現金	$643,462 ↓
	B	應收帳款	454,760
	C	存貨	414,770 ↑
	D	預付費用	0
A + B + C + D = E		流動資產	1,512,992
	F	其他資產	0
	G	固定資產原始成本	1,750,000
	H	累計折舊	78,573
G − H = I		固定資產淨值	1,671,427
E + F + I = J		總資產	$3,184,419
	K	應付帳款	$236,297 ↓
	L	應計費用	26,435
	M	一年內到期之負債	100,000
	N	應付所得稅	139,804
K + L + M + N = O		流動負債	502,536
	P	長期債務	800,000
	Q	股本	1,550,000
	R	保留盈餘	331,883
Q + R = S		股東權益	1,881,883
O + P + S = T		總負債與權益	$3,184,419

+

……在另一個資產項目中**加上**同等金額，或是從負債帳款中**減去**同等金額。

−

損益表
一定期間

1		銷貨淨額	$3,055,560
2		銷貨成本	2,005,830
1－2＝3		毛利	1,049,730
4		推銷費用	328,523
5		研發費用	26,000
6		管理費用	203,520
4＋5＋6＝7		營業費用	558,043
3－7＝8		營業利益	491,687
9		利息收入	(100,000)
10		所得稅	139,804
8＋9－10＝11		本期淨利	$251,883 ↑

現金流量表
一定期間

a		期初現金	$155,000
b		收現	2,584,900
c		付現	2,796,438
b－c＝d		營業活動之現金	(211,538)
e		取得固定資產	1,750,000
f		借款淨增加（或減少）	900,000
g		支付之所得稅	0
h		發行股票	1,550,000
a＋d－e＋f－g＋h＝i		期末現金餘額	$643,462

> **資產負債表連結**

資產負債表
至特定日期止

A		現金	$643,462
B		應收帳款	454,760
C		存貨	414,770
D		預付費用	0
A＋B＋C＋D＝E		流動資產	1,512,992
F		其他資產	0
G		固定資產原始成本	1,750,000
H		累計折舊	78,573
G－H＝I		固定資產淨值	1,671,427
E＋F＋I＝J		總資產	$3,184,419
K		應付帳款	$236,297
L		應計費用	26,435
M		一年內到期之負債	100,000
N		應付所得稅	139,804
K＋L＋M＋N＝O		流動負債	502,536
P		長期債務	800,000
Q		股本	1,550,000
R		保留盈餘	331,883 ↑
Q＋R＝S		股東權益	1,881,883 ↑
O＋P＋S＝T		總負債與權益	$3,184,419

> 損益表上**的本期淨利**會加到資產負債表上的**保留盈餘，股東權益**因而增加。

損益表
一定期間

1	銷貨淨額	$3,055,560
2	銷貨成本	2,005,830
1 − 2 = 3	毛利	1,049,730
4	推銷費用	328,523
5	研發費用	26,000
6	管理費用	203,520
4 + 5 + 6 = 7	營業費用	558,043
3 − 7 = 8	營業利益	491,687
9	利息收入	(100,000)
10	所得稅	139,804
8 + 9 − 10 = 11	本期淨利	$251,883

現金流量表
一定期間

a	期初現金	$155,000
b	收現	2,584,900
c	付現	2,796,438
b − c = d	營業活動之現金	(211,538)
e	取得固定資產	1,750,000
f	借款淨增加（或減少）	900,000
g	支付之所得稅	0
h	發行股票	1,550,000
a + d − e + f − g + h = i	期末現金餘額	$643,462

❶

銷售循環

當一筆賒銷的交易成立時，損益表最上端的**銷售額**以及資產負債表上的**應收帳款**需要增加同等金額。

資產負債表
至特定日期止

A	現金	$643,462
B	應收帳款	454,760
C	存貨	414,770
D	預付費用	0
A + B + C + D = E	流動資產	1,512,992
F	其他資產	0
G	固定資產原始成本	1,750,000
H	累計折舊	78,573
G − H = I	固定資產淨值	1,671,427
E + F + I = J	總資產	$3,184,419
K	應付帳款	$236,297
L	應計費用	26,435
M	一年內到期之負債	100,000
N	應付所得稅	139,804
K + L + M + N = O	流動負債	502,536
P	長期債務	800,000
Q	股本	1,550,000
R	保留盈餘	331,883
Q + R = S	股東權益	1,881,883
O + P + S = T	總負債與權益	$3,184,419

損益表
一定期間

	1	銷貨淨額	$3,055,560
	2	銷貨成本	2,005,830 ↑
1 − 2 ＝ 3	3	毛利	1,049,730
	4	推銷費用	328,523
	5	研發費用	26,000
	6	管理費用	203,520
4 ＋ 5 ＋ 6 ＝ 7	7	營業費用	558,043
3 − 7 ＝ 8	8	營業利益	491,687
	9	利息收入	(100,000)
	10	所得稅	139,804
8 ＋ 9 − 10 ＝ 11	11	本期淨利	$251,883

現金流量表
一定期間

	a	期初現金	$155,000
	b	收現	2,584,900
	c	付現	2,796,438
b − c ＝ d	d	營業活動之現金	(211,538)
	e	取得固定資產	1,750,000
	f	借款淨增加（或減少）	900,000
	g	支付之所得稅	0
	h	發行股票	1,550,000
a ＋ d − e ＋ f − g ＋ h ＝ i	i	期末現金餘額	$643,462

❷ 銷售循環
一筆銷售成立時，該筆產品的價值就會從資產負債表上的**存貨**移到損益表上的**銷貨成本**。

資產負債表
至特定日期止

	A	現金	$643,462
	B	應收帳款	454,760
	C	存貨	414,770 ↓
	D	預付費用	0
A ＋ B ＋ C ＋ D ＝ E	E	流動資產	1,512,992
	F	其他資產	0
	G	固定資產原始成本	1,750,000
	H	累計折舊	78,573
G − H ＝ I	I	固定資產淨值	1,671,427
E ＋ F ＋ I ＝ J	J	總資產	$3,184,419
	K	應付帳款	$236,297
	L	應計費用	26,435
	M	一年內到期之負債	100,000
	N	應付所得稅	139,804
K ＋ L ＋ M ＋ N ＝ O	O	流動負債	502,536
	P	長期債務	800,000
	Q	股本	1,550,000
	R	保留盈餘	331,883
Q ＋ R ＝ S	S	股東權益	1,881,883
O ＋ P ＋ S ＝ T	T	總負債與權益	$3,184,419

損益表
一定期間

	1	銷貨淨額	$3,055,560
	2	銷貨成本	2,005,830
1 − 2 = 3		毛利	1,049,730
	4	推銷費用	328,523
	5	研發費用	26,000
	6	管理費用	203,520
4 + 5 + 6 = 7		營業費用	558,043
3 − 7 = 8		營業利益	491,687
	9	利息收入	(100,000)
	10	所得稅	139,804
8 + 9 − 10 = 11		本期淨利	$251,883

現金流量表
一定期間

	a	期初現金	$155,000
	b	收現	2,584,900
	c	付現	2,796,438
b − c = d		營業活動之現金	(211,538)
	e	取得固定資產	1,750,000
	f	借款淨增加（或減少）	900,000
	g	支付之所得稅	0
	h	發行股票	1,550,000
a + d − e + f − g + h = i		期末現金餘額	$643,462

❸ 銷售循環

當客戶支付已交付貨品的貨款時，資產負債表上的**應收帳款**就會變成現金流量表上的**收現**。

資產負債表
至特定日期止

	A	現金	$643,462
	B	應收帳款	454,760
	C	存貨	414,770
	D	預付費用	0
A + B + C + D = E		流動資產	1,512,992
	F	其他資產	0
	G	固定資產原始成本	1,750,000
	H	累計折舊	78,573
G − H = I		固定資產淨值	1,671,427
E + F + I = J		總資產	$3,184,419
	K	應付帳款	$236,297
	L	應計費用	26,435
	M	一年內到期之負債	100,000
	N	應付所得稅	139,804
K + L + M + N = O		流動負債	502,536
	P	長期債務	800,000
	Q	股本	1,550,000
	R	保留盈餘	331,883
Q + R = S		股東權益	1,881,883
O + P + S = T		總負債與權益	$3,184,419

損益表
一定期間

	1	銷貨淨額	$3,055,560
	2	銷貨成本	2,005,830
1－2＝3	3	毛利	1,049,730
	4	推銷費用	328,523
	5	研發費用	26,000
	6	管理費用	203,520
4＋5＋6＝7	7	營業費用	558,043
3－7＝8	8	營業利益	491,687
	9	利息收入	(100,000)
	10	所得稅	139,804
8＋9－10＝11	11	本期淨利	$251,883 ↑

現金流量表
一定期間

	a	期初現金	$155,000
	b	收現	2,584,900
	c	付現	2,796,438
b－c＝d	d	營業活動之現金	(211,538)
	e	取得固定資產	1,750,000
	f	借款淨增加（或減少）	900,000
	g	支付之所得稅	0
	h	發行股票	1,550,000
a＋d－e＋f－g＋h＝i	i	期末現金餘額	$643,462

資產負債表
至特定日期止

	A	現金	$643,462
	B	應收帳款	454,760
	C	存貨	414,770
	D	預付費用	0
A＋B＋C＋D＝E	E	流動資產	1,512,992
	F	其他資產	0
	G	固定資產原始成本	1,750,000
	H	累計折舊	78,573
G－H＝I	I	固定資產淨值	1,671,427
E＋F＋I＝J	J	總資產	$3,184,419
	K	應付帳款	$236,297
	L	應計費用	26,435
	M	一年內到期之負債	100,000
	N	應付所得稅	139,804
K＋L＋M＋N＝O	O	流動負債	502,536
	P	長期債務	800,000
	Q	股本	1,550,000
	R	保留盈餘	331,883 ↑
Q＋R＝S	S	股東權益	1,881,883
O＋P＋S＝T	T	總負債與權益	$3,184,419

❹ 銷售循環

將一筆銷售額記錄在損益表上時，就代表產生了**淨利益（或損失）**，而這筆金額也會被加到資產負債表上的**保留盈餘**。

損益表

一定期間

	1	銷貨淨額	$3,055,560
	2	銷貨成本	2,005,830
1－2＝3		毛利	1,049,730
	4	推銷費用	328,523 ⬆
	5	研發費用	26,000 ⬆
	6	管理費用	203,520 ⬆
4＋5＋6＝7		營業費用	558,043
3－7＝8		營業利益	491,687
	9	利息收入	(100,000)
	10	所得稅	139,804
8＋9－10＝11		本期淨利	$251,883 ⬇

現金流量表

一定期間

	a	期初現金	$155,000
	b	收現	2,584,900
	c	付現	2,796,438
b－c＝d		營業活動之現金	(211,538)
	e	取得固定資產	1,750,000
	f	借款淨增加（或減少）	900,000
	g	支付之所得稅	0
	h	發行股票	1,550,000
a＋d－e＋f－g＋h＝i		期末現金餘額	$643,462

資產負債表

至特定日期止

	A	現金	$643,462
	B	應收帳款	454,760
	C	存貨	414,770
	D	預付費用	0
A＋B＋C＋D＝E		流動資產	1,512,992
	F	其他資產	0
	G	固定資產原始成本	1,750,000
	H	累計折舊	78,573
G－H＝I		固定資產淨值	1,671,427
E＋F＋I＝J		總資產	$3,184,419
	K	應付帳款	$236,297 ⬆
	L	應計費用	26,435
	M	一年內到期之負債	100,000
	N	應付所得稅	139,804
K＋L＋M＋N＝O		流動負債	502,536
	P	長期債務	800,000
	Q	股本	1,550,000
	R	保留盈餘	331,883 ⬇
Q＋R＝S		股東權益	1,881,883
O＋P＋S＝T		總負債與權益	$3,184,419

❶

費用循環

當**費用**產生並記錄在損益表上時，這筆費用也會成為資產負債表上的**應付帳款**。

費用會使損益表上的**本期淨利**減少，也會使資產負債表上的**保留盈餘**減少。

損益表
一定期間

1	銷貨淨額		$3,055,560
2	銷貨成本		2,005,830
1－2＝3	毛利		1,049,730
4	推銷費用		328,523
5	研發費用		26,000
6	管理費用		203,520
4＋5＋6＝7	營業費用		558,043
3－7＝8	營業利益		491,687
9	利息收入		(100,000)
10	所得稅		139,804
8＋9－10＝11	本期淨利		$251,883

現金流量表
一定期間

a	期初現金		$155,000
b	收現		2,584,900
c	付現		2,796,438 ⬆
b－c＝d	營業活動之現金		(211,538)
e	取得固定資產		1,750,000
f	借款淨增加（或減少）		900,000
g	支付之所得稅		0
h	發行股票		1,550,000
a＋d－e＋f－g＋h＝i	期末現金餘額		$643,462 ⬇

資產負債表
至特定日期止

A	現金		$643,462 ⬇
B	應收帳款		454,760
C	存貨		414,770
D	預付費用		0
A＋B＋C＋D＝E	流動資產		1,512,992
F	其他資產		0
G	固定資產原始成本		1,750,000
H	累計折舊		78,573
G－H＝I	固定資產淨值		1,671,427
E＋F＋I＝J	總資產		$3,184,419
K	應付帳款		$236,297 ⬇
L	應計費用		26,435
M	一年內到期之負債		100,000
N	應付所得稅		139,804
K＋L＋M＋N＝O	流動負債		502,536
P	長期債務		800,000
Q	股本		1,550,000
R	保留盈餘		331,883
Q＋R＝S	股東權益		1,881,883
O＋P＋S＝T	總負債與權益		$3,184,419

❷ **費用循環**
資產負債表上的**應付帳款**在實際支付出去時，就會成為**付現**，並使**現金**減少。

損益表
一定期間

	1	銷貨淨額	$3,055,560
	2	銷貨成本	2,005,830
1－2＝3		毛利	1,049,730
	4	推銷費用	328,523
	5	研發費用	26,000
	6	管理費用	203,520
4＋5＋6＝7		營業費用	558,043
3－7＝8		營業利益	491,687
	9	利息收入	(100,000)
	10	所得稅	139,804
8＋9－10＝11		本期淨利	$251,883

現金流量表
一定期間

	a	期初現金	$155,000
	b	收現	2,584,900
	c	付現	2,796,438
b－c＝d		營業活動之現金	(211,538)
	e	取得固定資產	1,750,000
	f	借款淨增加（或減少）	900,000 ↑
	g	支付之所得稅	0
	h	發行股票	1,550,000
a＋d－e＋f－g＋h＝i		期末現金餘額	$643,462 ↑

❶ 投資循環

當我們將**借款淨增加或減少**記錄在現金流量表上時，資產負債表上的**現金**和**負債**也要同時增加。

資產負債表
至特定日期止

	A	現金	$643,462 ↑
	B	應收帳款	454,760
	C	存貨	414,770
	D	預付費用	0
A＋B＋C＋D＝E		流動資產	1,512,992
	F	其他資產	0
	G	固定資產原始成本	1,750,000
	H	累計折舊	78,573
G－H＝I		固定資產淨值	1,671,427
E＋F＋I＝J		總資產	$3,184,419
	K	應付帳款	$236,297
	L	應計費用	26,435
	M	一年內到期之負債	100,000 ↑
	N	應付所得稅	139,804
K＋L＋M＋N＝O		流動負債	502,536
	P	長期債務	800,000 ↑
	Q	股本	1,550,000
	R	保留盈餘	331,883
Q＋R＝S		股東權益	1,881,883
O＋P＋S＝T		總負債與權益	$3,184,419

一年以內要償付的款項

或

還款期限超過一年的款項。

損益表
一定期間

	1	銷貨淨額	$3,055,560
	2	銷貨成本	2,005,830
1－2＝3	3	毛利	1,049,730
	4	推銷費用	328,523
	5	研發費用	26,000
	6	管理費用	203,520
4＋5＋6＝7	7	營業費用	558,043
3－7＝8	8	營業利益	491,687
	9	利息收入	(100,000)
	10	所得稅	139,804
8＋9－10＝11	11	本期淨利	$251,883

現金流量表
一定期間

	a	期初現金	$155,000
	b	收現	2,584,900
	c	付現	2,796,438
b－c＝d	d	營業活動之現金	(211,538)
	e	取得固定資產	1,750,000
	f	借款淨增加（或減少）	900,000
	g	支付之所得稅	0
	h	發行股票	1,550,000 ⬆
a＋d－e＋f－g＋h＝i	i	期末現金餘額	$643,462 ⬆

❷
投資循環
公司發行新股
會讓資產負債
表上的**現金**及
股本都增加。

資產負債表
至特定日期止

	A	現金	$643,462 ⬆
	B	應收帳款	454,760
	C	存貨	414,770
	D	預付費用	0
A＋B＋C＋D＝E	E	流動資產	1,512,992
	F	其他資產	0
	G	固定資產原始成本	1,750,000
	H	累計折舊	78,573
G－H＝I	I	固定資產淨值	1,671,427
E＋F＋I＝J	J	總資產	$3,184,419
	K	應付帳款	$236,297
	L	應計費用	26,435
	M	一年內到期之負債	100,000
	N	應付所得稅	139,804
K＋L＋M＋N＝O	O	流動負債	502,536
	P	長期債務	800,000
	Q	股本	1,550,000 ⬆
	R	保留盈餘	331,883
Q＋R＝S	S	股東權益	1,881,883
O＋P＋S＝T	T	總負債與權益	$3,184,419

損益表
一定期間

	1	銷貨淨額	$3,055,560
	2	銷貨成本	2,005,830
1 − 2 ＝ 3		毛利	1,049,730
	4	推銷費用	328,523
	5	研發費用	26,000
	6	管理費用	203,520 ↑
4 ＋ 5 ＋ 6 ＝ 7		營業費用	558,043
3 − 7 ＝ 8		營業利益	491,687
	9	利息收入	(100,000)
	10	所得稅	139,804
8 ＋ 9 − 10 ＝ 11		本期淨利	$251,883

> 隨著時間過去，損益表上的折舊費用會使**累計折舊增加**，並使**資產的淨值**減少。

現金流量表
一定期間

	a	期初現金	$155,000
	b	收現	2,584,900
	c	付現	2,796,438
b − c ＝ d		營業活動之現金	(211,538)
	e	取得固定資產	1,750,000 ↑
	f	借款淨增加（或減少）	900,000
	g	支付之所得稅	0
	h	發行股票	1,550,000
a ＋ d − e ＋ f − g ＋ h ＝ i		期末現金餘額	$643,462 ↓

> 取得機器設備（PP&E）時，**固定資產原始成本**會增加而現金會減少。

資產負債表
至特定日期止

	A	現金	$643,462 ↓
	B	應收帳款	454,760
	C	存貨	414,770
	D	預付費用	0
A ＋ B ＋ C ＋ D ＝ E		流動資產	1,512,992
	F	其他資產	0
	G	固定資產原始成本	1,750,000 ↑
	H	累計折舊	78,573 ↑
G − H ＝ I		固定資產淨值	1,671,427 ↓
E ＋ F ＋ I ＝ J		總資產	$3,184,419
	K	應付帳款	$236,297
	L	應計費用	26,435
	M	一年內到期之負債	100,000
	N	應付所得稅	139,804
K ＋ L ＋ M ＋ N ＝ O		流動負債	502,536
	P	長期債務	800,000
	Q	股本	1,550,000
	R	保留盈餘	331,883
Q ＋ R ＝ S		股東權益	1,881,883
O ＋ P ＋ S ＝ T		總負債與權益	$3,184,419

> 固定資產循環

交易：以蘋果籽公司為例

關於本部分

現在開始，我們要進入學習財報的核心了。在 A 部分，我們了解了財報的架構和常用詞彙，也看了一些例子，認識了 3 種主要財報之間的相互關係。

為了讓我們的財報學習過程能更貼近實際生活，我們現在要為一間虛擬的「蘋果籽公司」編製財報初稿。

在接下來的部分裡，我們會依時間順序討論蘋果籽公司的 33 個特定會計交易事項。你們會看到蘋果籽公司如何記帳以及編製公司的財報，以便精確地報告公司的實際財務狀況。此外，我們還會再討論一些額外的金融詞彙，同時也看一些例子，試著讓大家了解如何將一些不可或缺的財務觀念實際運用於記帳的過程。

每一筆新的會計事項，都代表在蘋果籽公司忙著生產和銷售美味蘋果醬的過程中，公司的財報上又多了一筆新的「過帳」。在我們討論每一筆會計事項的同時，各位讀者就能透過這些實際的例子，了解一間公司應該如何編製財報。每一筆事項都會以 2 ～ 3 頁進行說明。各位可以看一下 116 ～ 117 兩頁加註過的會計事項說明。

右手頁： 每一筆蘋果籽公司的會計事項說明的右手頁會描述這筆事項，並討論背後的商業概念以及對於財務的影響。各位可以注意，在說明每一筆事項所產生的「過帳」時，旁邊都會加上一個有陰影的方塊，並標上數字。而這些有陰影的方塊，分別可以對應到左手

頁所呈現的 3 種主要財報裡的小陰影方塊，以及小方塊旁邊的紀錄。每一次在大家開始閱讀新的事項時，請先閱讀並理解右手頁的說明，接著再看左手頁，看看蘋果籽公司的 3 種財報實際會出現哪些新的過帳。

　　左手頁： 在每個會計事項中，左手邊那一頁會將蘋果籽公司的損益表、資產負債表及現金流量表在事項前後的狀況呈現出來。依事項種類的不同，有可能會 3 種財報都做了調整，也有可能只有 2 種或 1 種，甚至可能完全不會調整。而每一項科目的改動，會在左手頁以下列方式呈現：

1. 第一欄數字顯示的是上一筆事項結束時，每一個科目的值。

2. 第二欄數字（旁邊會有小的陰影方塊）顯示的，是右手頁事項說明對應的科目及其數值。

3. 第三欄數字則顯示了這筆事項完成記錄後各科目的值，也就是將第二欄數字加上第一欄數字的結果。這個最後的結果會變成下一筆事項中「上一筆事項」的值。

　　會計和財務報告其實就是這麼一回事，並非非常高深的學問，就是一些加減運算而已。只要下點功夫再配合本書，各位一定能大有收穫。

　　但別忘了，本書的分析只是簡介。如果讀者需要了解細節（而且細節其實很多）的話，只要依據從本書學到的基礎知識，進一步向合作的會計師提出問題就好。非本科背景的人能問出有水準的問題的話，會計師們都會很開心並盡力解答的。

會計事項的左手頁

> 本次事項中，各個科目需要記錄的金額。

> 記錄本次事項之前的金額。

> 本次事項記錄完成之後的金額。

128　越看越醒腦的財報書：
零基礎秒懂人生必會的 3 大財　　　　所需財務知識！

損益表
從事項 1 至事項 4 的期間

			上筆事項	＋	本次事項	＝	總額
	1	銷貨淨額	$0		—		$0
	2	銷貨成本	0		—		0
1－2＝3		毛利	0				0
	4	推銷費用	0		—		0
	5	研發費用	0		—		0
	6	管理費用	6,230		—		6,230
4＋5＋6＝7		營業費用	6,230				6,230
3－7＝8		營業利益	(6,230)				(6,230)
	9	利息收入	0		—		0
	10	所得稅	0		—		0
8＋9－10＝11		本期淨利	($6,230)		0		($6,230)

IS 交易總額

現金流量表
從事項 1 至事項 4 的期間

			上筆事項	＋	本次事項	＝	總額
	a	期初現金	$0		—		$0
	b	收現	0		—		0
	c	付現	3,370		—		3,370
b－c＝d		營業活動之現金	(3,370)				(3,370)
	e	取得固定資產	0	1	1,500,000		1,500,000
	f	借款淨增加（或減少）	1,000,000		—		1,000,000
	g	支付之所得稅	0		—		0
	h	發行股票	1,550,000		—		1,550,000
a＋d－e＋f－g＋h＝i		期末現金餘額	$2,546,630		(1,500,000)		$1,046,630

CF 交易總額

資產負債表
至事項 4 止

			上筆事項	＋	本次事項	＝	總額
	A	現金	$2,546,630	2	(1,500,000)		$1,046,630
	B	應收帳款	0		—		0
	C	存貨	0		—		0
	D	預付費用	0		—		0
A＋B＋C＋D＝E		流動資產	2,546,630				1,046,630
	F	其他資產	0		—		0
	G	固定資產原始成本	0	3	1,500,000		1,500,000
	H	累計折舊	0				0
G－H＝I		固定資產淨值	0				1,500,000
E＋F＋I＝J		總資產	$2,546,630		0		$2,546,630

資產總額

	K	應付帳款	$0				0
	L	應計費用	2,860		—		2,860
	M	一年內到期之負債	100,000		—		100,000
	N	應付所得稅			—		0
K＋L＋M＋N＝O		流動負債	102,860				102,860
	P	長期債務	900,000		—		900,000
	Q	股本	1,550,000		—		1,550,000
	R	保留盈餘	(6,230)				(6,230)
Q＋R＝S		股東權益	1,543,770				1,543,770
O＋P＋S＝T		總負債與權益	$2,546,630		0		$2,546,630

負債與權益總額

> 依據右手頁相同號碼的說明中，應該記錄的金額。

會計事項的右手頁

每筆事項都會在右手頁的上方詳細說明。

事項 4　付 150 萬美元買新廠房，作為辦公、生產和倉儲的空間；建立折舊表。

你已經找到了一間可以作為蘋果籽公司辦公室的完美建物，該間建物占地 10 萬平方英尺，估價為 110 萬美元，土地則是 55 萬美元。廠房的配置相當令人滿意，當中有 9 萬平方英尺的生產及倉儲空間，還有 1 萬平方英尺的空間可以當辦公室。

你很懂得談判，也盡力爭取優惠價格。最後你跟買家達成協議，以總價 150 萬美元買下了建物與土地，為蘋果籽公司省了一大筆錢。在這筆事項中，我們會購買建築物，這也是蘋果籽公司的第一個固定資產。

固定資產是可以長期使用的生產性資產，像是建築物、機器設備以及其他裝置等。此類資產通常用於生產、儲存、運送和販售產品。

固定資產有時又會被稱為**資本設備**。每當取得一項固定資產，就要將這個資產的價值記錄到資產負債表的**資產**內。

依據會計慣例和美國國稅局（IRS）的規定，不允許立刻將取得固定資產的成本記錄為「費用」。這是因為固定資產的年限很長，所以必須要在使用年限以內，一年一年地記錄購買成本的一部分。**這筆每年都要記錄的費用稱為折舊費用。**在之後的事項中，我們會再更詳細地討論折舊的概念。

事項：以 150 萬現金購買 10 萬平方英尺的建築物及土地。這些設施會作為蘋果籽公司的總部、生產的廠房以及倉庫。

1　寫一張 150 萬美元的支票給廠房賣家。將這筆現金交易記錄在現金流量表的**取得固定資產**。

2　接著，從資產負債表的**現金**減去 150 萬美元。

3　現在必須再在資產負債表加入另一筆紀錄，以維持平衡。在資產負債表的**固定資產原始成本**中，加入這筆購買廠房用的 150 萬美元。要注意，資產的價格要以實際的購買價格記錄，而不是預估的價格。

先把過帳的說明看過一遍，接著再看左手頁的財報中相同號碼的方塊，以便了解如何調整。

第六章　創業融資及人事費用

　　歡迎來到我們的小公司：蘋果籽企業。想像自己就是蘋果籽企業的執行長，同時也兼任財務主管和財務長。

　　你剛剛設立了公司（在德拉瓦州），並且自掏腰包投資了 5 萬美元到這間公司裡；好吧，其實這筆錢是你姨婆莉莉安給的錢。你還需要更多資金才能開始生產，但這些初期的會計事項可以先讓公司開始。一起看下去吧，我們要做的事還多著呢！

事項 1　以每股 10 美元賣出 15 萬份面額 1 美元的蘋果籽普通股票。

事項 2　付第一個月的薪水給自己。記下所有與薪資相關的額外福利和稅金。

事項 3　貸款 100 萬美元買新廠房，這個 10 年期的抵押貸款條件為每年 10% 的利息。

事項 4　付 150 萬美元買新廠房，作為辦公、生產和倉儲的空間；建立折舊表。

事項 5　聘用管理和銷售人員，並支付員工第一個月的薪水。記下所有相關的額外福利和稅金。

事項 6　支付員工的健保、壽險和失能險等保費；此外還需支付社會安全稅（FICA）、失業稅和代扣所得稅。

損益表

從事項 1 至事項 1 的期間

			上筆事項	+ 本次事項	= 總額
	1	銷貨淨額	$0	—	$0
	2	銷貨成本	0	—	0
1－2＝3	3	毛利	0		0
	4	推銷費用	0	—	0
	5	研發費用	0	—	0
	6	管理費用	0	—	0
4＋5＋6＝7	7	營業費用	0		0
3－7＝8	8	營業利益	0		0
	9	利息收入	0	—	0
	10	所得稅	0	—	0
8＋9－10＝11	11	本期淨利	$0	0	$0

IS 交易總額

現金流量表

從事項 1 至事項 1 的期間

			上筆事項	+ 本次事項	= 總額
	a	期初現金	$0		$0
	b	收現	0	—	0
	c	付現	0	—	0
b－c＝d	d	營業活動之現金	0		0
	e	取得固定資產	0	—	0
	f	借款淨增加（或減少）	0	—	0
	g	支付之所得稅	0	—	0
	h	發行股票	50,000	**1** 1,500,000	1,550,000
a＋d－e＋f－g＋h＝i	i	期末現金餘額	$50,000	1,500,000	$1,550,000

CF 交易總額

資產負債表

至事項 1 止

			上筆事項	+ 本次事項	= 總額
	A	現金	$50,000	**2** 1,500,000	$1,550,000
	B	應收帳款	0	—	0
	C	存貨	0	—	0
	D	預付費用	0	—	0
A＋B＋C＋D＝E	E	流動資產	50,000		1,550,000
	F	其他資產	0	—	0
	G	固定資產原始成本	0	—	0
	H	累計折舊	0	—	0
G－H＝I	I	固定資產淨值	0		0
E＋F＋I＝J	J	總資產	$50,000	1,500,000	$1,550,000

資產總額

			上筆事項	+ 本次事項	= 總額
	K	應付帳款	$0	—	0
	L	應計費用	0	—	0
	M	一年內到期之負債	0	—	0
	N	應付所得稅	0	—	0
K＋L＋M＋N＝O	O	流動負債	0		0
	P	長期債務	0	—	0
	Q	股本	50,000	**3** 1,500,000	1,550,000
	R	保留盈餘	0	—	0
Q＋R＝S	S	股東權益	50,000		1,550,000
O＋P＋S＝T	T	總負債與權益	$50,000	1,500,000	$1,550,000

負債與權益總額

事項 1　**以每股 10 美元賣出 15 萬份面額 1 美元的蘋果籽普通股票。**

　　股票代表了一間公司的所有權。一間公司可以發行單一種類的股票或多種不同種類的股票，每一種都會有不同的權利和優先權。

　　普通股：在公司要進行清算時，接收公司資產的優先順序是最低的。普通股的持股人可以投票表決董事會成員。

　　特別股：在公司要發放股利或在進行清算要分配資產時比普通股優先。通常特別股的持股人無權投票表決董事會成員。

　　要注意的是，無論是普通股還是特別股的請求權，都低於公司債持有人或其他債權人的請求權。

　　面額：公司章程指定給公司股票的金額，除了能追蹤股份分割的情形之外，沒有什麼重要性。股票面額和股票或公司實際價值沒有關聯。

事項：有一群投資人願意用 150 萬美元的現金，交換蘋果籽公司的 15 萬份普通股。

注意：你在成立公司時，就以每股 1 美元的價格購買了 5 萬份的發起人股份，這代表你投資了 5 萬美元的現金。因此，在售出股票給這群投資人後，流通的股票就有 20 萬股。這些投資人擁有 75% 的蘋果籽公司所有權，剩下的則由你擁有。

1　把錢拿了並將普通股的股票寄發給投資人之後，趕快跑去銀行，將你拿到的支票存入蘋果籽公司的支票存款帳戶裡。公司收到了現金，所以在現金流量表上的**發行股票**項目裡，會記錄 150 萬美元。

2　這筆 150 萬的現金是公司的新資產，所以要將這筆從投資人手上收到的金額加到資產負債表上的**現金**項目裡。

3　每新增一筆資產就一定要建立一個對應的負債（與資產對沖），不然資產負債表就無法維持平衡。發行股票會為公司帶來負債。就效果來說，蘋果籽公司「欠了」這些新的持股人一部分公司的資產。所以，也要在資產負債表的**股本**這一項新增 150 萬美元。

損益表

從事項 1 至事項 2 的期間

		上筆事項	+ 本次事項	= 總額
1	銷貨淨額	$0	—	$0
2	銷貨成本	0	—	0
1－2＝3	毛利	0		0
4	推銷費用	0	—	0
5	研發費用	0	—	0
6	管理費用	0	**1A** 6,230	6,230
4＋5＋6＝7	營業費用	0		6,230
3－7＝8	營業利益	0		(6,230)
9	利息收入	0		0
10	所得稅	0		0
8＋9－10＝11	本期淨利	$0	(6,230)	($6,230)

IS 交易總額

現金流量表

從事項 1 至事項 2 的期間

		上筆事項	+ 本次事項	= 總額
a	期初現金	$0		$0
b	收現	0		0
c	付現	0	**2A** 3,370	3,370
b－c＝d	營業活動之現金	0		(3,370)
e	取得固定資產	0	—	0
f	借款淨增加（或減少）	0	—	0
g	支付之所得稅	0	—	0
h	發行股票	1,550,000	—	1,550,000
a＋d－e＋f－g＋h＝i	期末現金餘額	$1,550,000	(3,370)	$1,546,630

CF 交易總額

資產負債表

至事項 2 止

		上筆事項	+ 本次事項	= 總額
A	現金	$1,550,000	**2B** (3,370)	$1,546,630
B	應收帳款	0	—	0
C	存貨	0	—	0
D	預付費用	0	—	0
A＋B＋C＋D＝E	流動資產	1,550,000		1,546,630
F	其他資產	0	—	0
G	固定資產原始成本	0	—	0
H	累計折舊	0	—	0
G－H＝I	固定資產淨值	0		0
E＋F＋I＝J	總資產	$1,550,000	(3,370)	$1,546,630

資產總額

		上筆事項	+ 本次事項	= 總額
K	應付帳款	$0		0
L	應計費用	0	**3** 2,860	2,860
M	一年內到期之負債	0	—	0
N	應付所得稅	0	—	0
K＋L＋M＋N＝O	流動負債	0		2,860
P	長期債務	0		0
Q	股本	1,550,000	—	1,550,000
R	保留盈餘	0	**1B** (6,230)	(6,230)
Q＋R＝S	股東權益	1,550,000		1,543,770
O＋P＋S＝T	總負債與權益	$1,550,000	(3,370)	$1,546,630

負債與權益總額

事項2　付第一個月的薪水給自己。記下所有與薪資相關的額外福利和稅金。

恭喜！蘋果籽公司的董事會以月薪 5 千美元的高薪聘請你來管理這家公司。在花光這筆新入帳的錢之前，讓我們一起來算算：（1）你實際可以拿到的薪水；（2）要扣掉多少稅；以及（3）公司因為額外福利及稅金而需要付出的總金額。

請看表格。為了支付你的 5 千美元薪水，蘋果籽公司需要支出 6,230 美元，雖然你實際拿到的薪資只有 3,370 美元而已。

薪水及雇用費用

	支付給員工	支付給其他單位
月薪	$5,000	
員工負擔的社會安全稅	$(380)	$380
聯邦和州的代扣所得稅	$(1,250)	$1,250
雇主負擔的社會安全稅		$380
勞工撫卹金		$100
失業保險		$250
醫療健康險及壽險		$500
每月合計	$3,370	$2,860
總計支付給員工及其他單位 $6,230		

事項：　將總共 6,230 美元的員工薪資相關費用記錄在冊，當中包括了薪水、雇主部分負擔的社會安全稅和各種保險費用。發給你自己一張 3,370 美元的薪水支票（5,000 美元薪水減 1,250 美元聯邦和州政府的代扣所得稅，以及你需要負擔的社會安全稅 380 美元）。

1　（1A）薪資及員工的額外福利都是會使營業利益減少的費用。將總計 6,230 美元的月薪費用加到損益表的**管理費用**。（1B）同時也要將資產負債表中的保留盈餘減去相同金額。

2　（2A）目前為止，流出公司的現金只有支付給你的薪資支票而已。將這筆 3,370 元的支票列在現金流量表中的**付現**裡。（2B）同時將資產負債表中的**現金**減去同等金額。

3　剩下的 2,860 美元費用，是你欠政府和各家保險公司的錢，這是公司承擔但尚未執行的義務（已經欠了但還沒付的錢）。將這筆費用記錄到資產負債表的**應計費用**中。

損益表

從事項 1 至事項 3 的期間

			上筆事項	+	本次事項	=	總額
	1	銷貨淨額	$0		—		$0
	2	銷貨成本	0		—		0
1−2＝3	3	毛利	0				0
	4	推銷費用	0		—		0
	5	研發費用	0		—		0
	6	管理費用	6,230		0		6,230
4＋5＋6＝7	7	營業費用	6,230				6,230
3−7＝8	8	營業利益	(6,230)				(6,230)
	9	利息收入	0				0
	10	所得稅	0				0
8＋9−10＝11	11	本期淨利	($6,230)		0		($6,230)

IS 交易總額

現金流量表

從事項 1 至事項 3 的期間

			上筆事項	+	本次事項	=	總額
	a	期初現金	$0				$0
	b	收現	0		—		0
	c	付現	3,370		3,370		3,370
b−c＝d	d	營業活動之現金	(3,370)				(3,370)
	e	取得固定資產	0		—		0
	f	借款淨增加（或減少）	0	1A	1,000,000		1,000,000
	g	支付之所得稅	0				0
	h	發行股票	1,550,000		—		1,550,000
a＋d−e＋f−g＋h＝i	i	期末現金餘額	$1,546,630		1,000,000		$2,546,630

CF 交易總額

資產負債表

至事項 3 止

			上筆事項	+	本次事項	=	總額
	A	現金	$1,546,630	1B	1,000,000		$2,546,630
	B	應收帳款	0		—		0
	C	存貨	0		—		0
	D	預付費用	0		—		0
A＋B＋C＋D＝E	E	流動資產	1,546,630				2,546,630
	F	其他資產	0		—		0
	G	固定資產原始成本	0		—		0
	H	累計折舊	0		—		0
G−H＝I	I	固定資產淨值	0				0
E＋F＋I＝J	J	總資產	$1,546,630		1,000,000		$2,546,630

資產總額

			上筆事項	+	本次事項	=	總額
	K	應付帳款	$0		—		0
	L	應計費用	2,860		—		2,860
	M	一年內到期之負債	0	2	100,000		100,000
	N	應付所得稅	0		—		0
K＋L＋M＋N＝O	O	流動負債	2,860				102,860
	P	長期債務	0	3	900,000		900,000
	Q	股本	1,550,000				1,550,000
	R	保留盈餘	(6,230)		—		(6,230)
Q＋R＝S	S	股東權益	1,543,770				1,543,770
O＋P＋S＝T	T	總負債與權益	$1,546,630		1,000,000		$2,546,630

負債與權益總額

事項 3　貸款 100 萬美元買新廠房，這個 10 年期的抵押貸款條件為每年 10%
的利息。

去銀行申請貸款，以便買廠房
（1）生產和存放蘋果醬，以及（2）作
為公司的管理和銷售活動辦公室。

親切的貸款專員認為，蘋果籽的
自有資本基礎相當強健，而且前景也相
當好。因此，有點令人意外的，她同意
要貸 100 萬美元給你，讓你可以買廠
房，但要求你將公司的資產做為貸款的
抵押品。

同時，她也要求你承諾，如果
公司無法償還貸款時，要由你個人償
還。你會怎麼回覆呢？正確的回答是
「不」。你不會想要在生意失敗時，連
自己的家都沒有了。

你和這位親切的專員最後同意分
10 年攤還（還款）這筆貸款，攤還的時
程如表格所示。

貸款攤還時程表

年	利息	本金	未償還本金
1	$100,000	$100,000	$900,000
2	$90,000	$100,000	$800,000
3	$80,000	$100,000	$700,000
4	$70,000	$100,000	$600,000
5	$60,000	$100,000	$500,000
6	$50,000	$100,000	$400,000
7	$40,000	$100,000	$300,000
8	$30,000	$100,000	$200,000
9	$20,000	$100,000	$100,000
10	$10,000	$100,000	$0
總計	$550,000	$1,000,000	

事項：貸款 100 萬美元購買多功能的廠房。這筆 10 年期的貸款需要每年償還本金
10 萬美元，再加上每年 10% 的利息。

1　（1A）完成貸款簽約後，這位親切的專員就會將 100 萬美元存進了
蘋果籽的支票存款帳戶裡，因此使現金流量表上的**借款淨增加或減
少**的值增加。（1B）另外也要記得，資產負債表上的**現金**也隨之增
加了 100 萬美元。

2　**一年內到期之負債**（你今年需要償付的錢）的金額是 10 萬美元，這
筆金額會被認列在資產負債表的流動負債裡。

3　而剩下的 90 萬美元貸款，會在未來分好幾年償還，因此會認列在資
產負債表的**長期債務**裡。

損益表

從事項 1 至事項 4 的期間

			上筆事項	+	本次事項	=	總額
	1	銷貨淨額	$0		—		$0
	2	銷貨成本	0		—		0
1－2＝3		毛利	0				0
	4	推銷費用	0		—		0
	5	研發費用	0		—		0
	6	管理費用	6,230		—		6,230
4＋5＋6＝7		營業費用	6,230				6,230
3－7＝8		營業利益	(6,230)				(6,230)
	9	利息收入	0		—		0
	10	所得稅	0		—		0
8＋9－10＝11		本期淨利	($6,230)		0		($6,230)

IS 交易總額

現金流量表

從事項 1 至事項 4 的期間

			上筆事項	+	本次事項	=	總額
	a	期初現金	$0				$0
	b	收現	0		—		0
	c	付現	3,370		—		3,370
b－c＝d		營業活動之現金	(3,370)				(3,370)
	e	取得固定資產	0	[1]	1,500,000		1,500,000
	f	借款淨增加（或減少）	1,000,000		—		1,000,000
	g	支付之所得稅	0		—		0
	h	發行股票	1,550,000		—		1,550,000
a＋d－e＋f－g＋h＝i		期末現金餘額	$2,546,630		(1,500,000)		$1,046,630

CF 交易總額

資產負債表

至事項 4 止

			上筆事項	+	本次事項	=	總額
	A	現金	$2,546,630	[2]	(1,500,000)		$1,046,630
	B	應收帳款	0		—		0
	C	存貨	0		—		0
	D	預付費用	0		—		0
A＋B＋C＋D＝E		流動資產	2,546,630				1,046,630
	F	其他資產	0				0
	G	固定資產原始成本	0	[3]	1,500,000		1,500,000
	H	累計折舊	0		—		0
G－H＝I		固定資產淨值	0				1,500,000
E＋F＋I＝J		總資產	$2,546,630		0		$2,546,630

資產總額

	K	應付帳款	$0		—		0
	L	應計費用	2,860		—		2,860
	M	一年內到期之負債	100,000		—		100,000
	N	應付所得稅	0		—		0
K＋L＋M＋N＝O		流動負債	102,860				102,860
	P	長期債務	900,000				900,000
	Q	股本	1,550,000		—		1,550,000
	R	保留盈餘	(6,230)		—		(6,230)
Q＋R＝S		股東權益	1,543,770				1,543,770
O＋P＋S＝T		總負債與權益	$2,546,630		0		$2,546,630

負債與權益總額

事項 4　付 150 萬美元買新廠房，作為辦公、生產和倉儲的空間；建立折舊表。

　　你已經找到了一間可以作為蘋果籽公司辦公室的完美建物，該間建物占地 10 萬平方英尺，估價為 110 萬美元，土地則是 55 萬美元。廠房的配置相當令人滿意，當中有 9 萬平方英尺的生產及倉儲空間，還有 1 萬平方英尺的空間可以當辦公室。

　　你很懂得談判，也盡力爭取優惠價格。最後你跟買家達成協議，以總價 150 萬美元買下了建物與土地，為蘋果籽公司省了一大筆錢。在這筆事項中，我們會購買建築物，這也是蘋果籽公司的第一個固定資產。

　　固定資產是可以長期使用的生產性資產，像是建築物、機器設備以及其他裝置等。此類資產通常用於生產、儲存、運送和販售產品。

　　固定資產有時又會被稱為**資本設備**。每當取得一項固定資產，就要將這個資產的價值記錄到資產負債表的**資產**內。

　　依據會計慣例和美國國稅局（IRS）的規定，不允許立刻將取得固定資產的成本記錄為「費用」。這是因為固定資產的年限很長，所以必須要在使用年限以內，一年一年地記錄購買成本的一部分。**這筆每年都要記錄的費用稱為折舊費用。**在之後的事項中，我們會再更詳細地討論折舊的概念。

事項：以 150 萬現金購買 10 萬平方英尺的建築物及土地。這些設施會作為蘋果籽公司的總部、生產的廠房以及倉庫。

1　寫一張 150 萬美元的支票給廠房賣家。將這筆現金交易記錄在現金流量表的**取得固定資產**。

2　接著，從資產負債表的**現金**減去 150 萬美元。

3　現在必須再在資產負債表加入另一筆紀錄，以維持平衡。在資產負債表**固定資產原始成本**中，加入這筆購買廠房用的 150 萬美元。要注意，資產的價格要以實際的購買價格記錄，而不是預估的價格。

損益表

		從事項 1 至事項 5 的期間	上筆事項	+	本次事項	=	總額
	1	銷貨淨額	$0		—		$0
	2	銷貨成本	0		—		0
1−2＝3	3	毛利	0				0
	4	推銷費用	0	**1A**	7,680		7,680
	5	研發費用	0		—		0
	6	管理費用	6,230	**1B**	7,110		13,340
4＋5＋6＝7	7	營業費用	6,230				21,020
3−7＝8	8	營業利益	(6,230)				(21,020)
	9	利息收入	0		—		0
	10	所得稅	0		—		0
8＋9−10＝11	11	本期淨利	($6,230)		(14,790)		($21,020)

IS 交易總額

現金流量表

		從事項 1 至事項 5 的期間	上筆事項	+	本次事項	=	總額
	a	期初現金	$0				$0
	b	收現	0		—		0
	c	付現	3,370	**3A**	7,960		11,330
b−c＝d	d	營業活動之現金	(3,370)				(11,330)
	e	取得固定資產	1,500,000		—		1,500,000
	f	借款淨增加（或減少）	1,000,000		—		1,000,000
	g	支付之所得稅	0		—		0
	h	發行股票	1,550,000		—		1,550,000
a＋d−e＋f−g＋h＝i	i	期末現金餘額	$1,046,630		(7,960)		$1,038,670

CF 交易總額

資產負債表

		至事項 5 止	上筆事項	+	本次事項	=	總額
	A	現金	$1,046,630	**3B**	(7,960)		$1,038,670
	B	應收帳款	0		—		0
	C	存貨	0		—		0
	D	預付費用	0		—		0
A＋B＋C＋D＝E	E	流動資產	1,046,630				1,038,670
	F	其他資產	0		—		0
	G	固定資產原始成本	1,500,000		—		1,500,000
	H	累計折舊	0		—		0
G−H＝I	I	固定資產淨值	1,500,000				1,500,000
E＋F＋I＝J	J	總資產	$2,546,630		(7,960)		$2,538,670

資產總額

			上筆事項	+	本次事項	=	總額
	K	應付帳款	$0		—		0
	L	應計費用	2,860	**4**	6,830		9,690
	M	一年內到期之負債	100,000		—		100,000
	N	應付所得稅	0		—		0
K＋L＋M＋N＝O	O	流動負債	102,860				109,690
	P	長期債務	900,000				900,000
	Q	股本	1,550,000		—		1,550,000
	R	保留盈餘	(6,230)	**2**	(14,790)		(21,020)
Q＋R＝S	S	股東權益	1,543,770				1,528,980
O＋P＋S＝T	T	總負債與權益	$2,546,630		(7,960)		$2,538,670

負債與權益總額

事項 5　**聘用管理和銷售人員，並支付員工第一個月的薪水。記下所有相關的額外福利和稅金。**

蘋果籽公司不久就要開始生產了，所以你最好開始想想如何銷售蘋果醬比較好！此外，還需要有人幫忙處理管理的工作。

聘請管理和銷售（SG&A）人員吧。SG&A 的意思是銷售（sales）、總務（general）和管理（administrative）。SG&A 包羅萬象，只要不是生產產生的費用都歸在此；換言之，不會列入存貨的都算。稍後會再詳談。

在蘋果籽的 SG&A 員工名冊中新增一位秘書，薪水是時薪 13 美元（月薪 2,250 美元）；一位記帳人員，月薪 3 千美元；一位業務人員，月薪 4 千美元；

以及一位店員，時薪 10 美元（每月 1,750 美元）。下表計算了這些 SG&A 人員的實際薪水以及額外福利所需的成本。

SG&A 員工相關費用

	支付給員工	支付給其他單位
每月薪資	$11,000	
員工負擔的社會安全稅	$(840)	$840
聯邦和州的代扣所得稅	$(2,200)	$2,200
雇主負擔的社會安全稅		$840
勞工撫卹金		$400
失業保險		$550
醫療健康險及壽險		$2,000
每月合計	$7,960	$6,830
總計支付給員工及其他單位 $14,790		

事項：將本月總共 14,790 美元的員工薪資與相關費用記錄在冊（包括 7,680 美元的推銷費用以及 7,110 美元的總務及管理開支），這些費用內包含了薪資、保險和其他福利。發薪資支票給 SG&A 員工，總計 7,960 美元。

1　（1A）在損益表上的**推銷費用**中加入銷售人員和店員的每月薪資費用，總共 7,680 美元。（1B）另外將秘書和記帳人員的薪資費用 7,110 美元加到**管理費用**裡。

2　將資產負債表的**保留盈餘**減去 SG&A 員工的薪水，總共 14,790 美元。

3　（3A）將總計 7,960 美元的薪資支票發給員工，並將這筆費用認列在現金流量表的**付現**裡。（3B）資產負債表的**現金**減去相同金額。

4　剩下的 6,830 美元雖然欠了別人，但還沒支付。因此，要將這筆金額登記在資產負債表的**應計費用**裡。

損益表

從事項 1 至事項 6 的期間

			上筆事項	+ 本次事項	= 總額
	1	銷貨淨額	$0	—	$0
	2	銷貨成本	0		0
1 − 2 = 3		毛利	0		0
	4	推銷費用	7,680	—	7,680
	5	研發費用	0		0
	6	管理費用	13,340		13,340
4 + 5 + 6 = 7		營業費用	21,020		21,020
3 − 7 = 8		營業利益	(21,020)		(21,020)
	9	利息收入	0	—	0
	10	所得稅	0	—	0
8 + 9 − 10 = 11		本期淨利	($21,020)	0	($21,020)

IS 交易總額

現金流量表

從事項 1 至事項 6 的期間

			上筆事項	+ 本次事項	= 總額
	a	期初現金	$0		$0
	b	收現	0	—	0
	c	付現	11,330	1 9,690	21,020
b − c = d		營業活動之現金	(11,330)		(21,020)
	e	取得固定資產	1,500,000		1,500,000
	f	借款淨增加（或減少）	1,000,000	—	1,000,000
	g	支付之所得稅	0		0
	h	發行股票	1,550,000	—	1,550,000
a + d − e + f − g + h = i		期末現金餘額	$1,038,670	(9,690)	$1,028,980

CF 交易總額

資產負債表

至事項 6 止

			上筆事項	+ 本次事項	= 總額
	A	現金	$1,038,670	2 (9,690)	$1,028,980
	B	應收帳款	0	—	0
	C	存貨	0		0
	D	預付費用	0		0
A + B + C + D = E		流動資產	1,038,670		1,028,980
	F	其他資產	0		0
	G	固定資產原始成本	1,500,000	—	1,500,000
	H	累計折舊	0		0
G − H = I		固定資產淨值	1,500,000		1,500,000
E + F + I = J		總資產	$2,538,670	(9,690)	$2,528,980

資產總額

			上筆事項	+ 本次事項	= 總額
	K	應付帳款	$0		0
	L	應計費用	9,690	3 (9,690)	0
	M	一年內到期之負債	100,000	—	100,000
	N	應付所得稅	0	—	0
K + L + M + N = O		流動負債	109,690		100,000
	P	長期債務	900,000	—	900,000
	Q	股本	1,550,000	—	1,550,000
	R	保留盈餘	(21,020)	—	(21,020)
Q + R = S		股東權益	1,528,980		1,528,980
O + P + S = T		總負債與權益	$2,538,670	(9,690)	$2,528,980

負債與權益總額

事項 6 支付員工的健保、壽險和失能險等保費；此外還需支付社會安全稅（FICA）、失業稅和代扣所得稅。

你在事項 2 中將自己加到了蘋果籽公司的員工清冊中，接著在事項 5 中聘請了 SG&A 人員，並將薪資支票發給所有蘋果籽的新員工。然而，在你發薪水的時候並沒有支付與薪資和福利相關的費用，像是醫療健康險和壽險、代扣所得稅與從員工薪水中代扣的社會安全稅等。

這些需要支出的項目在產生時都已經被記錄在損益表上，但卻沒有同時實際支付出去，因此這些費用就成了**應計費用**。

如果一筆需支出的項目被登記在損益表上，但卻還沒「履行義務」立即付款的話，就必須將這筆費用登記在資產負債表的「應計費用」裡。

事項：支付事項 2 跟事項 5 當中與薪資有關的應計費用，包括社會安全稅、代扣所得稅以及失業保險給政府。同時也要支付員工撫卹金、醫療健康險和壽險等保費給民營保險公司。

1 寫一張總金額 9,690 美元的支票，其中有 2,860 來自**事項 2 的應計費用**，6,830 美元來自**事項 5 的應計費用**。這筆支付的款項要登記在現金流量表的**付現**裡。

2 將資產負債表的**現金**減去同等金額。

3 將資產負債表的**應計費用**減去這筆 9,690 美元。你先前延遲支付這筆款項（應計），但現在你支付了，所以就可以將原先那筆款項沖銷掉了。

注意：現在在實際支付這些應計費用時，不會對損益表有任何影響。因為這些需支付的項目在發生時，就已經記錄在損益表上了。

第七章　人事費用及設備器材費用；
　　　　為開始製造進行規劃

現在要開始進入有趣的部分了。再過幾個星期，我們就要開始生產好幾千箱世上最美味的蘋果醬了。

為了要能順利開始生產蘋果醬，我們要設計自己的生產模式、決定原料要符合哪些標準、需要多少勞動力，還要算出製造成本並建立一套可以追蹤存貨數量的方法。

最後就可以向廠商訂購第一批原料讓一切就緒，並在新工廠裡進行試生產了。

事項 7　採購價值 25 萬美元的生產機器，並先付一半的費用。

事項 8　收到並完成機器安裝，付清剩下的 12.5 萬美元。

事項 9　聘請生產線工人，並支付他們第一個月的薪資。

- 列出材料清單、設立勞動規範。
- 建立廠房及機器的折舊表。
- 提出每月生產時程表、訂出標準成本。

事項 10　向原料供應商下長期訂單；收到 100 萬份瓶身標籤。

損益表

		從事項 1 至事項 7 的期間	上筆事項	＋ 本次事項	＝ 總額
1		銷貨淨額	$0	—	$0
2		銷貨成本	0	—	0
1－2＝3		毛利	0		0
4		推銷費用	7,680	—	7,680
5		研發費用	0	—	0
6		管理費用	13,340	—	13,340
4＋5＋6＝7		營業費用	21,020		21,020
3－7＝8		營業利益	(21,020)		(21,020)
9		利息收入	0	—	0
10		所得稅	0	—	0
8＋9－10＝11		本期淨利	($21,020)	0	($21,020)

IS 交易總額

現金流量表

		從事項 1 至事項 7 的期間	上筆事項	＋ 本次事項	＝ 總額
a		期初現金	$0		$0
b		收現	0	—	0
c		付現	21,020	—	21,020
b－c＝d		營業活動之現金	(21,020)		(21,020)
e		取得固定資產	1,500,000	1 125,000	1,625,000
f		借款淨增加（或減少）	1,000,000	—	1,000,000
g		支付之所得稅	0	—	0
h		發行股票	1,550,000	—	1,550,000
a＋d－e＋f－g＋h＝i		期末現金餘額	$1,028,980	(125,000)	$903,980

CF 交易總額

資產負債表

		至事項 7 止	上筆事項	＋ 本次事項	＝ 總額
A		現金	$1,028,980	2 (125,000)	$903,980
B		應收帳款	0	—	0
C		存貨	0	—	0
D		預付費用	0	—	0
A＋B＋C＋D＝E		流動資產	1,028,980		903,980
F		其他資產	0	3 125,000	125,000
G		固定資產原始成本	1,500,000	—	1,500,000
H		累計折舊	0	—	0
G－H＝I		固定資產淨值	1,500,000		1,500,000
E＋F＋I＝J		總資產	$2,528,980	0	$2,528,980

資產總額

			上筆事項	＋ 本次事項	＝ 總額
K		應付帳款	$0	—	0
L		應計費用	0	—	0
M		一年內到期之負債	100,000	—	100,000
N		應付所得稅	0	—	0
K＋L＋M＋N＝O		流動負債	100,000		100,000
P		長期債務	900,000	—	900,000
Q		股本	1,550,000	—	1,550,000
R		保留盈餘	(21,020)		(21,020)
Q＋R＝S		股東權益	1,528,980		1,528,980
O＋P＋S＝T		總負債與權益	$2,528,980	0	$2,528,980

負債與權益總額

| 事項 7 | 採購價值 25 萬美元的生產機器，並先付一半的費用。 |

　　我們會需要很多專業的機器來生產蘋果醬：壓榨機、大型的不鏽鋼儲存槽、裝瓶的機器、貼標機等等。

　　我們跟「ABC 蘋果壓榨機公司」（簡稱為 ABCACM）簽了合約，幫蘋果籽公司組裝並安裝機器設備，這樣包括運送費用在內，總共 25 萬美元。

　　ABCACM 公司要求我們先支付 12.5 萬美元，之後才會開始動工。剩下的 12.5 萬美元則是等到機器安裝完成且驗貨完畢之後才需要支付。

事項： 訂購價值 25 萬美元的蘋果醬製造機器。預先支付 12.5 萬美元，餘額則待成功安裝之後再支付。

1 下訂單的同時，連同預付的 12.5 萬美元支票一同寄給機器承包商。將這筆支出登記在現金流量表的**取得固定資產**裡。

2 這筆預先支付給承包商的 12.5 萬美元，也會使資產負債表上的**現金**減少。

3 這筆預付款是蘋果籽公司「擁有」的資產。我們可以將其視為一種「權利」，讓我們可以在未來收到 25 萬美元等值的設備，而且到時候只需要再給設備廠商另一張 12.5 萬美元的支票就好。由於這項資產無法被歸類到任何一種資產類別裡，因此我們會在**其他資產**這個項目添加這筆 12.5 萬美元的機器預付款。

損益表

從事項 1 至事項 8 的期間

			上筆事項	+	本次事項	=	總額
	1	銷貨淨額	$0		—		$0
	2	銷貨成本	0		—		0
1－2＝3	3	毛利	0				0
	4	推銷費用	7,680		—		7,680
	5	研發費用	0		—		0
	6	管理費用	13,340				13,340
4＋5＋6＝7	7	營業費用	21,020				21,020
3－7＝8	8	營業利益	(21,020)				(21,020)
	9	利息收入	0		—		0
	10	所得稅	0				0
8＋9－10＝11	11	本期淨利	($21,020)		0		($21,020)

IS 交易總額

現金流量表

從事項 1 至事項 8 的期間

			上筆事項	+	本次事項	=	總額
	a	期初現金	$0				$0
	b	收現	0		—		0
	c	付現	21,020		—		21,020
b－c＝d	d	營業活動之現金	(21,020)				(21,020)
	e	取得固定資產	1,625,000	1	125,000		1,750,000
	f	借款淨增加（或減少）	1,000,000				1,000,000
	g	支付之所得稅	0		—		0
	h	發行股票	1,550,000		—		1,550,000
a＋d－e＋f－g＋h＝i	i	期末現金餘額	$903,980		(125,000)		$778,980

CF 交易總額

資產負債表

至事項 8 止

			上筆事項	+	本次事項	=	總額
	A	現金	$903,980	2	(125,000)		$778,980
	B	應收帳款	0		—		0
	C	存貨	0		—		0
	D	預付費用	0		—		0
A＋B＋C＋D＝E	E	流動資產	903,980				778,980
	F	其他資產	125,000	3	(125,000)		0
	G	固定資產原始成本	1,500,000	4	250,000		1,750,000
	H	累計折舊	0		—		0
G－H＝I	I	固定資產淨值	1,500,000				1,750,000
E＋F＋I＝J	J	總資產	$2,528,980		0		$2,528,980

資產總額

			上筆事項	+	本次事項	=	總額
	K	應付帳款	$0		—		0
	L	應計費用	0		—		0
	M	一年內到期之負債	100,000		—		100,000
	N	應付所得稅	0		—		0
K＋L＋M＋N＝O	O	流動負債	100,000				100,000
	P	長期債務	900,000				900,000
	Q	股本	1,550,000		—		1,550,000
	R	保留盈餘	(21,020)		—		(21,020)
Q＋R＝S	S	股東權益	1,528,980				1,528,980
O＋P＋S＝T	T	總負債與權益	$2,528,980		0		$2,528,980

負債與權益總額

事項 8　收到並完成機器安裝，付清剩下的 12.5 萬美元。

ABCACM 公司做得非常好，不僅準時完成也在預算之內。他們交給你一張請款單，你也很樂意付款。我們的蘋果醬製造機器已經全都裝好，可以開始運作了。

這些機器是生產性的資產，因為這些機器是要用來生產我們的產品，為蘋果籽公司帶來利潤用的。

要注意，你在支付這批機器的貨款時，其實是在將資產負債表上的錢，從某一種資產科目轉移到另一種，也就是從**現金**移轉到**固定資產**。此時，損益表不受影響，但當我們開始使用，機器開始折舊時，就會影響到損益表了，之後會說明。

事項：支付 12.5 萬美元的蘋果醬生產機器餘額。

1 所有事情都很順利。我們收到了機器，於是寫了一張支票把剩下的 12.5 萬美元餘額付清。將這筆支出登記在現金流量表上的**取得固定資產**裡。

2 將資產負債表上的**現金**減去這筆付給承包商的 12.5 萬美元。

3 將**其他資產**裡登記的 12.5 萬預付款減掉後，轉到（下方）的**固定資產**裡。

4 將機器的總價 25 萬美元加到**固定資產原始成本項目**裡。這筆錢的一半是來自這次的事項（支付 12.5 萬美元的餘款），另一半則是來自將**其他資產**的帳款（事項 7 的 12.5 萬美元預付款）沖銷掉，因為我們現在已經收到機器了。

損益表

從事項 1 至事項 9 的期間

			上筆事項	+	本次事項	=	總額
	1	銷貨淨額	$0		—		$0
	2	銷貨成本	0		—		0
1−2＝3	3	毛利	0				0
	4	推銷費用	7,680		—		7,680
	5	研發費用	0		—		0
	6	管理費用	13,340	**1A**	4,880		18,220
4＋5＋6＝7	7	營業費用	21,020				25,900
3−7＝8	8	營業利益	(21,020)				(25,900)
	9	利息收入	0		—		0
	10	所得稅	0		—		0
8＋9−10＝11	11	本期淨利	($21,020)		(4,880)		($25,900)

IS 交易總額

現金流量表

從事項 1 至事項 9 的期間

			上筆事項	+	本次事項	=	總額
	a	期初現金	$0				$0
	b	收現	0		—		0
	c	付現	21,020	**2A**	2,720		23,740
b−c＝d	d	營業活動之現金	(21,020)				(23,740)
	e	取得固定資產	1,750,000		—		1,750,000
	f	借款淨增加（或減少）	1,000,000		—		1,000,000
	g	支付之所得稅	0		—		0
	h	發行股票	1,550,000		—		1,550,000
a＋d−e＋f−g＋h＝i	i	期末現金餘額	$778,980		(2,720)		$776,260

CF 交易總額

資產負債表

至事項 9 止

			上筆事項	+	本次事項	=	總額
	A	現金	$778,980	**2B**	(2,720)		$776,260
	B	應收帳款	0		—		0
	C	存貨	0		—		0
	D	預付費用	0		—		0
A＋B＋C＋D＝E	E	流動資產	778,980				776,260
	F	其他資產	0		—		0
	G	固定資產原始成本	1,750,000		—		1,750,000
	H	累計折舊	0		—		0
G−H＝I	I	固定資產淨值	1,750,000				1,750,000
E＋F＋I＝J	J	總資產	$2,528,980		(2,720)		$2,526,260

資產總額

			上筆事項	+	本次事項	=	總額
	K	應付帳款	$0		—		0
	L	應計費用	0	**3**	2,160		2,160
	M	一年內到期之負債	100,000		—		100,000
	N	應付所得稅	0		—		0
K＋L＋M＋N＝O	O	流動負債	100,000				102,160
	P	長期債務	900,000				900,000
	Q	股本	1,550,000		—		1,550,000
	R	保留盈餘	(21,020)	**1B**	(4,880)		(25,900)
Q＋R＝S	S	股東權益	1,528,980				1,524,100
O＋P＋S＝T	T	總負債與權益	$2,528,980		(2,720)		$2,526,260

負債與權益總額

事項 9 ┃ **聘請生產線工人，並支付他們第一個月的薪資。**

工廠已經初具雛形了，現在我們需要生產線工人和一位監工來指導工人。我們以 3,750 美元的月薪聘請了一位監工，並要求她立即上工。透過和**事項 5** 表格相同的計算方式可知，這位監工實領的薪水會是每月 2,720 美元。公司同時還需要支付 2,160 美元的福利和稅給政府。因為這位監工，公司每月要支出 4,880 美元的薪水和福利費用。

我們會立刻開始支付薪水給這位監工。然而，因為我們還沒開始生產，所以要將監工本月的薪水記錄在**管理費用**裡，作為公司初期的費用。一般來說，與生產相關的薪水和支出會放在**存貨**。之後會有更多說明。

這位監工開始面試計時的生產線工人了。工人的時薪是 12.50 美元，附帶相關福利，且預計每週工作 40 小時。我們聘請了 5 位工人，並請他們下個月報到，因為我們預計那時開始生產。

蘋果籽公司現在的生產相關人員的薪水來到了每月 17,180 美元：監工的薪水是 4,880 美元，5 位計時工人則是 12,300 美元。

生產人工成本	員工實領的薪水	福利及稅	總計
監工	$2,720	$2,160	$4,880
計時工人	$6,300	$6,000	$12,300
生產相關人員薪資	$9,020	$8,160	$17,180

事項：將監工的薪水以及相關的支出記錄在管理費用的項目裡，是因為我們現在還沒開始進行生產。發出監工的首月薪資支票。計時工人因為還沒報到，所以不用做任何記錄。

1　（1A）在損益表的**管理費用**，加上 4,880 美元監工的薪水及相關支出。（1B）將資產負債表中的**保留盈餘**減去相同金額。

2　（2A）發出一張總額 2,720 美元的薪水支票，並將這筆錢認列

在現金流量表的**付現**中。（2B）將資產負債表中的**現金**減去相同金額。

3 剩下的 2,160 元包括福利及稅，是目前欠著還沒支付出去的款項。將這筆費用登記在資產負債表的**應計費用**裡。

估算製造成本

我們的蘋果醬製造成本會是多少呢？我們要如何為製造成本作帳？又要如何正確為存貨估價？這些都是在管理財報時很重要的問題。

像蘋果籽公司這樣的製造業公司都需要計算製造成本，方式是將 3 種不同的主要成本確定後相加。這 3 種主要成本分別是：

（1）原物料。

（2）直接人工成本。

（3）製造費用。

製造費用是一個概括性的分類，凡是無法歸類到某項特定產品，但為了讓工廠能夠運作下去而必須一直支出的費用，都歸在此類。可能的例子像是工廠的空間成本、加熱、電燈、電力、管理人員、折舊等。

我們會先討論所謂的直接成本，接著再討論製造費用。直接成本很簡單，也很容易理解。

在分別討論每一項製造成本之後，我們會將這 3 種成本總結為一個產品的「標準」成本，這個成本可以用在（1）為資產負債表的存貨估價，以及（2）計算銷貨成本以記錄在損益表上。

原物料成本：請看蘋果籽公司的蘋果醬「原料帳單」。這個表格列出了我們的產品需要的所有原物料，以及為了商用以一般數量進行採購時，這些原物料的單位價格。同時列在表中的，還有蘋果籽公司每次出貨的最小單位（以本例來說，是 12 罐 1 箱的蘋果醬）當中，所含的原物料總量以及成本。

從這個「原料帳單」可以看到，我們購買蘋果時是以美噸計量的，而含運費在內的蘋果價格是每美噸 120 美元。此外，生產每箱 12 罐的蘋果醬需要 33 磅蘋果。因為 2,000 磅的蘋果要價 120 美元，所以每箱蘋果醬所需的 33 磅蘋果就需要 1.98 美元。

蘋果籽公司的原料帳單

	原物料的 每單位成本	原物料的 計算單位	每箱（12 罐） 產品所需的量	每箱（12 罐） 產品所需的總價
蘋果	$120	美噸	33.00 磅	$1.98
糖	$140	1,000 磅	2.30 磅	$0.32
肉桂	$280	100 磅	0.35 盎斯	$0.06
玻璃罐	$55	12 打	12	$4.60
瓶蓋	$10	12 打	12	$0.83
瓶身標籤	$200	10,000	12	$0.24
大型紙箱	$75	12 打	1	$0.52
*1 美噸＝2,000 磅			每箱成本	$8.55

利用同樣的方式計算產品所需的全部原物料之後，就會得出製造 1 箱 12 罐的蘋果醬所需的總成本是 8.55 美元。

直接人工成本：根據我們的設計，工廠每個月將能生產高達 2 萬箱的蘋果醬。另外，由於工廠高度自動化，所以我們只需要 5 名計時工就能達到這個產量。

我們每個月用在計時工薪資的總支出是 12,300 美元（在**事項 9** 中計算出來的）。將這筆人工的支出除以每月預計能生產的 2 萬箱，就可以得出每箱蘋果醬所需的直接人工成本是 0.615 美元。

製造一箱蘋果醬的人工成本

每月的計時工人薪資	$12,300
÷ 製造的箱數	20,000
= 每箱的計時工薪資支出	$0.615

我們已經估計完了製造成本中的前兩個要素：**原物料及直接人工**。這兩個要素和接下來要討論的製造費用及折舊費相比，真是太好懂了。

製造費用

要理解為何原物料費用要算在製造成本裡並不困難，直接人工也是。但是「製造費用」可就沒這麼好懂了。

要製造產品，需要的不只是原物料跟人工而已，還需要廠房、機器、加熱、電燈和電力，同時還需要管理人員來確保所有東西都能順利運作。這些花費不像原物料和人工一樣會「直接」用到產品裡，卻仍然是製造產品所需的費用。

我們先來了解一下蘋果籽公司的折舊費用，再回頭來計算總製造費用，最後才會算出製作蘋果醬的總製造成本。

◆◆◆────────────────────────────

折舊不過是我們在使用這些固定資產的過程中，將資產的成本分攤在各年度損益表上的作法而已。

────────────────────────────◆◆◆

折舊

　　蘋果籽公司的一項主要支出，就是公司用來製造產品所需的機器和廠房的折舊費用。基本上，折舊就是指將這些使用年限很長的資產當初購入的價格，依照比例計算之後，分攤到現在的生產活動上。

　　舉例來說，假設我們買了一台 10 萬美元的機器。在這台機器的使用年限裡，總共會生產 50 萬罐的蘋果醬。因此，依照比例計算後，每罐蘋果醬都要因為使用了這台機器，而加上 0.20 美元的費用。也就是說，我們要為每罐蘋果醬加上 0.20 美元的折舊費用。

　　簡單來說，無論是會計實務還是稅法都規定，廠房和機器設備這類固定資產，應該要每年依照原始價格的一定比例進行「沖銷」或「折舊」。有些資產的使用年限比較長（建築物可以到 2、30 年），有些則比較短（汽車只有 5 年）。

　　折舊表：請看蘋果籽公司的固定資產折舊表。最左邊的欄位列出了所有蘋果籽公司的固定資產。要注意，原始購買價格欄裡所列的金額，要跟蘋果籽公司記錄在資產負債表中固定資產原始成本科目裡的價格一樣。

蘋果籽公司的固定資產折舊表

	原始購買價格	使用年限	每年折舊費用	第 1 年年末帳面價值	第 2 年年末帳面價值	第 3 年年末帳面價值
建築物	$1,000,000	20	$50,000	$950,000	$900,000	$850,000
土地	$500,000	永遠	$0	$500,000	$500,000	$500,000
機器設備	$250,000	7	$35,714	$214,286	$178,572	$142,858
總計	$1,750,000		$85,714	$1,664,286	$1,578,572	$1,492,858

下一欄則是使用年限，蘋果籽公司會以此年限計算每一種資產的折舊費用。在隔壁欄裡，我們列出了在直線折舊法下，每年的實際折舊金額。直線折舊法的年折舊費用等於將原始成本除以使用年限。

要注意，使用直線折舊法的話，在使用年限期間每年的折舊費用都相等；若用「加速」折舊法則會在早期折舊較多。

帳面價值：剩下的 3 欄裡顯示的，是蘋果籽公司的固定資產在接下來 3 年間，每年年末時的帳面價值。帳面價值是將當初購買固定資產的成本，減去每年累積下來的折舊費用（也就是「累計折舊」）後的值。固定資產的帳面價值會顯示在資產負債表上的**固定資產淨額**項目裡。

要注意，帳面價值是會計學定義的「價值」，不一定會與實際上轉賣或汰換時的價值相等。

對營業收入的影響：每年，蘋果籽公司都需要新增一筆 85,714 美元（或是每月 7,143 美元）的費用到帳上，藉以表示這一年使用了固定資產，並記錄在冊。這筆費用會登錄在損益表上的**銷貨成本**裡，作為製造成本的一部分，之後會有更多說明。

對現金的影響：和其他費用不同的是，你不用真的為了折舊費用而支付一筆現金。換句話說，**現金的餘額和流量不會受到固定資產的折舊影響**。為什麼會這樣？聽起來像是天下有了白吃的午餐？

折舊當然不是免費的。當初你在購買固定資產時，是用現金支付全部的費用，所以現金流量表上會顯示出這筆完整的採購費用。但是這筆採購費用不會在採購進來時記錄在損益表上，因為我們會記錄在損益表上的，是長期資產的折舊費用。

折舊不過是我們在使用這些固定資產的過程中，將資產的成本分攤在各年度損益表上的作法而已。

製造費用（續）

蘋果籽公司的製造費用裡包含了監工的薪水、折舊費用和其他的雜項，像是加熱、電燈、電力和一般用品等。無論產量如何，這些費用都一定要支出。換言之，無論我們製造了很多或是只有一點點的蘋果醬，這些費用的價格都差不多。

我們來算一下蘋果籽公司的製造費用吧！從**事項 9** 中我們可以知道，監工每月薪資的實際費用是 4,880 美元。從先前的計算可以知道，折舊費用是每月 7,143 美元。我們假設其他的製造費用（電力、加熱等）每月需要 8,677 美元的話，蘋果籽公司每個月的製造費用總額就會是 20,700 美元，如下所示：

監工人員薪資及相關費用	$4,880
折舊	$7,143
其他費用	$8,677
每月製造費用總額	$20,700

但要注意的是，這筆費用並不是全部都要每個月以現金支出。記住，折舊是一種非現金支出費用，只是我們帳目上的紀錄而已。所以每月實際要以現金支出的製造費用只有監工的薪水和其他費用而已，總共是 13,557 美元。

固定成本與變動成本

某部分蘋果籽公司的製造成本會隨著製造的箱數增加而不斷增加

（總額），例如，生產出來的箱數越多，就會用掉越多原物料。生產 10 箱的產品，需要 85.50 美元的原物料，而 100 箱就要 855 美元。這一類會隨著產量而直接等比例變化的成本，就稱為**變動成本**。直接人工也是變動成本的一種。

　　而基本上不會隨著產量改變而變動的成本，就稱為固定成本。例如蘋果籽公司的固定成本就包括了監工的人工成本和折舊費用。一般來說，製造費用裡的項目都是固定成本。

　　為什麼固定成本和變動成本的概念很重要？產品的製造成本會隨著兩個條件而大有不同：（1）產量，以及（2）固定成本和變動成本在產品的製造成本中所占的比例。

　　因此，當我們在討論生產一箱蘋果醬的成本時，也必須要說明總產量。這樣一來才能將生產成本中的固定成本總額，依比例分配到一單產品上。如此一來，我們就能算出成本，並依此估計存貨的價值和計算銷貨成本。

　　請見接下來的表格。表格裡列出了不同產量下的產品成本。生產一箱蘋果醬的實際成本在 11.24 美元和 9.86 美元之間變動，端看我們生產了 1 萬箱還是 3 萬箱。產量高的話每箱的成本就會比較低。因此，當我們討論製造一箱蘋果醬的成本時，也必須要說明總產量。

　　現在我們已經準備好要計算蘋果籽公司的製造成本，並且要決定如何估計存貨的價值了。

不同產量下的產品成本

	每箱成本	每月成本	每月生產 1 萬箱時的 總成本	每月生產 2 萬箱時的 總成本	每月生產 3 萬箱時的 總成本
原物料	$8.55		$85,500	$171,000	$256,500
直接人工	$0.615		$6,150	$12,300	$18,450
製造費用：監工		$4,880	$4,880	$4,880	$4,880
折舊		$7,143	$7,143	$7,143	$7,143
其他		$8,677	$8,677	$8,677	$8,677
$ 單月的總製造成本			$112,350	$204,000	$295,650
單月生產的箱數			10,000	20,000	30,000
$ 每箱的製造成本			$11.24	$10.20	$9.86

標準成本制

　　好的，讓我們把所有的生產成本加總起來，然後計算生產一箱蘋果醬的成本是多少。但要記得，我們一定要先設定每月產量之後，才能計算每箱蘋果醬的單位成本。

　　在本頁上方的產品成本表裡，我們計算了 3 種不同產量下（每月 1 萬箱、2 萬箱和 3 萬箱）製造蘋果醬的每月成本。此外，我們也算出了在這些產量下，蘋果籽的蘋果醬每箱成本分別是多少。隨著我們的每月產量不同，一箱蘋果醬的成本可能介於 11.24 美元到 9.86 美元之間，差距滿大的！

　　所謂的標準成本是在假設特定產量下，製造一單位產品所需成本的估計值。會計師們會利用標準成本來估計實際成本，藉以簡化日常的會計工作事項。

　　建立標準成本對於幫蘋果籽公司記帳非常有幫助。在我們開始販售產品之後，會用這個標準成本幫存貨估值，並依此計算銷貨成本。

　　蘋果籽公司計劃每月製造 2 萬箱蘋果醬。從上一頁的表格可知，如

此一來製造一箱蘋果醬的預期成本會是 10.20 美元。我們還可以從這個表格裡，看到總成本底下，各個項目的費用分別是多少。在後面的事項裡，我們還會用到這個分項的表格。

差異：如果在期末的時候，我們發現實際製造的數量超過（或少於）單月 2 萬箱怎麼辦？成本不會也跟著不一樣嗎？是的，成本會不同。我們會依據製造的差異調整帳冊，以便將成本的高估或低估記錄下來。我們會在 174 頁再進一步說明。

每月製造 2 萬箱的情況下，蘋果籽公司的分項標準成本計算表

	2 萬箱的 單月總成本	每箱 成本	員工 薪資	福利及稅 金	給供應商的 費用	折舊 費用
原物料	$171,000	$8.55			$8.55	
直接人工	$12,300	$0.615	$0.32	$0.30		
製造費用－監工	$4,880	$0.24	$0.14	$0.10		
折舊	$7,143	$0.36				$0.36
其他	$8,677	$0.43			$0.43	
	$204,000	$10.20	$0.46	$0.40	$8.98	$0.36
每月總計			$9,020	$8,160	$179,677	$7,143

損益表

從事項 1 至事項 10 的期間		上筆事項	＋ 本次事項	＝ 總額
1	銷貨淨額	$0	—	$0
2	銷貨成本	0	—	0
1－2＝3	毛利	0		0
4	推銷費用	7,680	—	7,680
5	研發費用	0	—	0
6	管理費用	18,220	—	18,220
4＋5＋6＝7	營業費用	25,900		25,900
3－7＝8	營業利益	(25,900)		(25,900)
9	利息收入	0	—	0
10	所得稅	0	—	0
8＋9－10＝11	本期淨利	($25,900)	0	($25,900)

IS 交易總額

現金流量表

從事項 1 至事項 10 的期間		上筆事項	＋ 本次事項	＝ 總額
a	期初現金	$0		$0
b	收現	0	—	0
c	付現	23,740	—	23,740
b－c＝d	營業活動之現金	(23,740)		(23,740)
e	取得固定資產	1,750,000	—	1,750,000
f	借款淨增加（或減少）	1,000,000	—	1,000,000
g	支付之所得稅	0	—	0
h	發行股票	1,550,000	—	1,550,000
a＋d－e＋f－g＋h＝i	期末現金餘額	$776,260	0	$776,260

CF 交易總額

資產負債表

至事項 10 止		上筆事項	＋ 本次事項	＝ 總額
A	現金	$776,260	—	$776,260
B	應收帳款	0	—	0
C	存貨	0	[1] 20,000	20,000
D	預付費用	0	—	0
A＋B＋C＋D＝E	流動資產	776,260		796,260
F	其他資產	0	—	0
G	固定資產原始成本	1,750,000	—	1,750,000
H	累計折舊	0	—	0
G－H＝I	固定資產淨值	1,750,000		1,750,000
E＋F＋I＝J	總資產	$2,526,260	20,000	$2,546,260

資產總額

K	應付帳款	$0	[2] 20,000	20,000
L	應計費用	2,160	—	2,160
M	一年內到期之負債	100,000	—	100,000
N	應付所得稅	0	—	0
K＋L＋M＋N＝O	流動負債	102,160		122,160
P	長期債務	900,000	—	900,000
Q	股本	1,550,000	—	1,550,000
R	保留盈餘	(25,900)	—	(25,900)
Q＋R＝S	股東權益	1,524,100		1,524,100
O＋P＋S＝T	總負債與權益	$2,526,260	20,000	$2,546,260

負債與權益總額

事項 10　訂購原物料（蘋果、香料和包材料）；收到 100 萬份特別印製的瓶身標籤，每個 0.02 美元。

　　想要蘋果籽開始生產的話，一定要先訂購並收到原物料。下方表格列出了在月產量 2 萬箱的目標下，不同原料各需要多少量。向供應商下長期訂單，約定每個月送這個份量的原物料過來。為了要以低廉的價格買到我們特殊的 4 色瓶身標籤，印刷廠商要求我們一次印 100 萬份標籤，每個價格為 0.02 美元。向廠商下訂後，廠商將標籤送來了。

原物料成本及單月生產需求量

	每箱所需的量	每箱成本	2 萬箱產品所需的量	2 萬箱產品的總價
蘋果	33.00 磅	$1.98	330 美噸	$39,600
糖	2.30 磅	$0.32	52 美噸	$6,400
肉桂	0.35 盎斯	$0.06	438 磅	$1,200
玻璃罐	12	$4.60	1,667 打	$92,000
瓶蓋	12	$0.83	1,667 打	$16,600
瓶身標籤	12	$0.24	1,667 打	$4,800
大型紙箱	1	$0.52	139 打	$10,400
	總計	$8.55		$171,000

事項： 訂購並且收到了 100 萬份的蘋果醬瓶身標籤，每個成本 0.02 美元，總額為 2 萬元。貨到後 30 天內付款。

1　開始進行製造後，將標籤放在原物料存貨裡備用。新增 2 萬元到資產負債表上的**存貨**裡。

2　我們現在欠印刷廠商標籤的費用，但之後才會支付。在資產負債表上的**應付帳款**新增 2 萬元。

注意： 只是訂購原物料的話不會對 3 種財報有任何影響。然而，當你確實收到原料時，資產負債表就需要進行調整，以便將這些新的資產記錄在冊；同時為了維持平衡，也會產生新的負債，而我們所欠的原物料貨款會認列在**應付帳款**上。

第八章　開始進行生產

　　機器都安裝好且運作正常，工人聘好了，而且很快就會收到原料，工廠已準備就緒，可以開始生產蘋果醬了。

　　雖然製造過程很順利，但還是有半天的量出了差錯，需要被報廢。我們會學習如何用標準成本估計存貨的價值，並將我們第一次遇到的製造成本差異記錄在帳冊。

事項 11　收到兩個月份的原料。

事項 12　開始生產；支付工人和監工當月的薪水。

事項 13　記下當月的折舊和其他製造費用。

事項 14　付款給事項 10 收到的瓶身標籤。

事項 15　完成生產 19,500 箱蘋果醬，並移到製成品存貨中。

事項 16　報廢與 500 箱蘋果醬等值的在製品存貨。

- 製造成本差異：可能出錯的環節，與不需要擔心的部分。

事項 17　付清事項 11 中收到的兩個月份原料費用。

事項 18　生產下個月的蘋果醬。

損益表

從事項 1 至事項 11 的期間		上筆事項	＋	本次事項	＝	總額
1	銷貨淨額	$0	—			$0
2	銷貨成本	0	—			0
1－2＝3	毛利	0				0
4	推銷費用	7,680	—			7,680
5	研發費用	0	—			0
6	管理費用	18,220				18,220
4＋5＋6＝7	營業費用	25,900				25,900
3－7＝8	營業利益	(25,900)				(25,900)
9	利息收入	0	—			0
10	所得稅	0	—			0
8＋9－10＝11	本期淨利	($25,900)		0		($25,900)

IS 交易總額

現金流量表

從事項 1 至事項 11 的期間		上筆事項	＋	本次事項	＝	總額
a	期初現金	$0				$0
b	收現	0	—			0
c	付現	23,740				23,740
b－c＝d	營業活動之現金	(23,740)				(23,740)
e	取得固定資產	1,750,000	—			1,750,000
f	借款淨增加（或減少）	1,000,000	—			1,000,000
g	支付之所得稅	0	—			0
h	發行股票	1,550,000	—			1,550,000
a＋d－e＋f－g＋h＝i	期末現金餘額	$776,260		0		$776,260

CF 交易總額

資產負債表

至事項 11 止		上筆事項	＋	本次事項	＝	總額
A	現金	$776,260	—			$776,260
B	應收帳款	0				0
C	存貨	20,000		1 332,400		352,400
D	預付費用	0	—			0
A＋B＋C＋D＝E	流動資產	796,260				1,128,660
F	其他資產	0				0
G	固定資產原始成本	1,750,000				1,750,000
H	累計折舊	0				0
G－H＝I	固定資產淨值	1,750,000				1,750,000
E＋F＋I＝J	總資產	$2,546,260		332,400		$2,878,660

資產總額

K	應付帳款	$20,000		2 332,400		352,400
L	應計費用	2,160	—			2,160
M	一年內到期之負債	100,000	—			100,000
N	應付所得稅	0	—			0
K＋L＋M＋N＝O	流動負債	122,160				454,560
P	長期債務	900,000	—			900,000
Q	股本	1,550,000	—			1,550,000
R	保留盈餘	(25,900)	—			(25,900)
Q＋R＝S	股東權益	1,524,100				1,524,100
O＋P＋S＝T	總負債與權益	$2,546,260		332,400		$2,878,660

負債與權益總額

事項 11　**收到兩個月份的原料。**

我們收到了兩個月份量的原物料，這些都是製造超級美味的蘋果醬所不可或缺的。我們會用賒購的方式購買。供應商會將這些原物料交付給我們，同時也知道我們不會立即付款。

◆◆◆━━━━━━━━━━━━━━━━━━━━━━━━━

現在蘋果籽公司應該要建立一份存貨估價的明細表了。這個明細表可以幫助我們在製造及銷售蘋果醬的過程中，計算存貨的價值。

明細表中會列出所有會改變存貨價值的會計事項，以及其所帶來的影響。在這個明細表底端的「總存貨」價值，一定會和資產負債表上的存貨相等。

━━━━━━━━━━━━━━━━━━━━━━━━━◆◆◆

存貨會依照生產階段而分成 3 類。這些分類不會顯示在資產負債表上，資產負債表只會列出存貨的總金額。在之後的事項中，各位會逐漸了解，為存貨估價並將其記錄在帳冊時，使用這 3 種分類是多麼方便的事：

原料存貨就是買來後還沒有被改造，等著要被加工的「原始」貨品。

在製品指的是正在機器上被工人加工的材料。在製品因為經過加工，所以有了額外的價值。我們稍後會再進一步說明這個觀念。

製成品存貨就是已經完成製造，可以交付給客戶的產品。為了幫存貨估價，我們會使用前面計算出來的「標準成本」估算製成品的金額。

──────────────────────────────

事項：收到兩個月份量的原料（蘋果、糖、肉桂、玻璃罐、瓶蓋及紙箱），總值 332,400 美元。（算法是，每一箱的原料總價為 8.55 美元，減掉先前已收到的標籤價格 0.24 元，之後再乘以 4 萬箱。）

1　在資產負債表的**存貨**上新增這筆 332,400 美元的原料。

2　將這筆原料的價格新增到資產負債表的**應付帳款**裡。

存貨明細表

	原物料	在製品	製成品
開始時的存貨金額（在事項 10 以前）	$0	$0	$0
A. 收到標籤（事項 10）	$20,000	$0	$0
B. 收到兩個月份量的原料（事項 11）	$332,400	$0	$0
存貨金額小計（至本次交易為止）	$352,400	$0	$0
存貨金額總計 ＝			$352,400

損益表

從事項 1 至事項 12 的期間		上筆事項	+ 本次事項	= 總額
1	銷貨淨額	$0	—	$0
2	銷貨成本	0	—	0
1－2＝3	毛利	0		0
4	推銷費用	7,680	—	7,680
5	研發費用	0	—	0
6	管理費用	18,220	—	18,220
4＋5＋6＝7	營業費用	25,900		25,900
3－7＝8	營業利益	(25,900)		(25,900)
9	利息收入	0	—	0
10	所得稅	0	—	0
8＋9－10＝11	本期淨利	($25,900)	0	($25,900)

IS 交易總額

現金流量表

從事項 1 至事項 12 的期間		上筆事項	+ 本次事項	= 總額
a	期初現金	$0		$0
b	收現	0	—	0
c	付現	23,740	1A 9,020	32,760
b－c＝d	營業活動之現金	(23,740)		(32,760)
e	取得固定資產	1,750,000	—	1,750,000
f	借款淨增加（或減少）	1,000,000	—	1,000,000
g	支付之所得稅	0	—	0
h	發行股票	1,550,000	—	1,550,000
a＋d－e＋f－g＋h＝i	期末現金餘額	$776,260	(9,020)	$767,240

CF 交易總額

資產負債表

至事項 12 止		上筆事項	+ 本次事項	= 總額
A	現金	$776,260	1B (9,020)	$767,240
B	應收帳款	0	—	0
C	存貨	352,400	3 17,180	369,580
D	預付費用	0	—	0
A＋B＋C＋D＝E	流動資產	1,128,660		1,136,280
F	其他資產	0	—	0
G	固定資產原始成本	1,750,000	—	1,750,000
H	累計折舊	0	—	0
G－H＝I	固定資產淨值	1,750,000		1,750,000
E＋F＋I＝J	總資產	$2,878,660	8,160	$2,886,820

資產總額

		上筆事項	+ 本次事項	= 總額
K	應付帳款	$352,400	—	352,400
L	應計費用	2,160	2 8,160	10,320
M	一年內到期之負債	100,000	—	100,000
N	應付所得稅	0	—	0
K＋L＋M＋N＝O	流動負債	454,560		462,720
P	長期債務	900,000		900,000
Q	股本	1,550,000		1,550,000
R	保留盈餘	(25,900)		(25,900)
Q＋R＝S	股東權益	1,524,100		1,524,100
O＋P＋S＝T	總負債與權益	$2,878,660	8,160	$2,886,820

負債與權益總額

事項 12　開始生產；支付工人和監工當月的薪水，並記下所有與薪資相關的額
外福利和稅金。

我們終於準備好製造蘋果醬了。工廠已經就緒，工人也都來上班了。

一個月份的原料（每箱 8.55 美元乘 2 萬箱，等於 17 萬 1 千美元）正在從倉庫
運到工廠的路上，等著要開始進行加工。在我們的存貨明細表上，我們會將這些存
貨從原料「移到」在製品。

此外，在這次的會計事項中，我們也會將本月的薪水支付給工人和監工。由於
這些薪水是為了製造產品而產生的，所以會被視為成本。我們會將這些製造成本記
錄到**在製品存貨**當中，因此，在我們加工製造產品的過程中，存貨的值會因為這些
勞務薪資而增加。

事項 9 已經詳細說明了與製造相關的薪資金額。當時由於還沒開始進行生產，
所以我們把監工的薪水及相關費用記錄到損益表上。但現在既然我們已經開始生產
了，這些薪水就成了製造成本，使產品的價格提高，並且會記在帳冊上，使存貨的
總值增加。

事項：支付工人和監工當月的薪水。將所有與薪資相關的額外福利和稅金記錄在冊。

1　將總計 9,020 美元的薪水支票發給工人和監工。（1A）將這筆金額加
到現金流量表的**付現**。（1B）從資產負債表的**現金**減去相同金額。

2　將總計 8,160 美元的薪資相關福利和稅金，記錄在資產負債表的**應計
費用**裡。

3　在資產負債表的**存貨**加上 17,180 美元；其中 9,020 是薪水，8,160 是
福利跟稅。

存貨明細表

	原物料	在製品	製成品
事項 11 的存貨金額	$352,400	$0	$0
C. 將 2 萬箱的原料移到在製品。	($171,000)	$171,000	$0
D. 支付工人和監工當月的薪水，請見事項 9。	$0	$17,180	$0
存貨金額小計（至本次交易為止）	$181,400	$188,180	$0
		存貨金額總計 =	$369,580

損益表

從事項 1 至事項 13 的期間		上筆事項	＋ 本次事項	＝ 總額
1	銷貨淨額、	$0	—	$0
2	銷貨成本	0	—	0
1－2＝3	毛利	0		0
4	推銷費用	7,680	—	7,680
5	研發費用	0	—	0
6	管理費用	18,220	—	18,220
4＋5＋6＝7	營業費用	25,900		25,900
3－7＝8	營業利益	(25,900)		(25,900)
9	利息收入	0	—	0
10	所得稅	0	—	0
8＋9－10＝11	本期淨利	($25,900)	0	($25,900)

IS 交易總額

現金流量表

從事項 1 至事項 13 的期間		上筆事項	＋ 本次事項	＝ 總額
a	期初現金	$0		$0
b	收現	0	—	0
c	付現	32,760	—	32,760
b－c＝d	營業活動之現金	(32,760)		(32,760)
e	取得固定資產	1,750,000	—	1,750,000
f	借款淨增加（或減少）	1,000,000	—	1,000,000
g	支付之所得稅	0	—	0
h	發行股票	1,550,000	—	1,550,000
a＋d－e＋f－g＋h＝i	期末現金餘額	$767,240	0	$767,240

CF 交易總額

資產負債表

至事項 13 止		上筆事項	＋ 本次事項	＝ 總額
A	現金	$767,240	—	$767,240
B	應收帳款	0	—	0
C	存貨	369,580	③ 15,820	385,400
D	預付費用	0	—	0
A＋B＋C＋D＝E	流動資產	1,136,820		1,152,640
F	其他資產	0		0
G	固定資產原始成本	1,750,000	—	1,750,000
H	累計折舊	0	② 7,143	7,143
G－H＝I	固定資產淨值	1,750,000		1,742,857
E＋F＋I＝J	總資產	$2,886,820	8,667	$2,895,497

資產總額

K	應付帳款	$352,400	① 8,677	361,077
L	應計費用	10,320		10,320
M	一年內到期之負債	100,000	—	100,000
N	應付所得稅	0	—	0
K＋L＋M＋N＝O	流動負債	462,720		471,397
P	長期債務	900,000	—	900,000
Q	股本	1,550,000	—	1,550,000
R	保留盈餘	(25,900)	—	(25,900)
Q＋R＝S	股東權益	1,524,100		1,524,100
O＋P＋S＝T	總負債與權益	$2,886,820	8,677	$2,895,497

負債與權益總額

事項 13　**記下當月的折舊和其他製造費用。**

在我們埋首製造蘋果醬的同時，還有一些瑣事是一定要做的。

我們在裝潢得漂漂亮亮的工廠裡使用嶄新的機器。但要這麼漂亮，是需要付出一些錢的。在這次的事項中，我們要幫機器和建築物折舊。

這筆折舊費用也是製造成本，因為是生產蘋果醬的過程中合理產生的成本。因此，記錄這筆折舊費用時要加到製造成本中，使在製品存貨的價格提高。記得，所有的製造成本都會記錄在存貨裡。

折舊是一種「非現金」交易，所以在記錄折舊費用時不會使現金或應付帳款有所變動。但製造費用當中的「其他」可就沒這麼幸運了，我們最終還是要支付這些費用，因此我們所欠的錢就會加到應付帳款去。

事項：記錄本月的折舊費用 7,143 美元，以及製造費用中的「其他」費用 8,677 元。要注意，折舊不是現金支出，因此不會使現金減少。但是製造費用中的「其他」費用，我們終究需要以現金支付。

1　新增製造費用中的「其他」，總計 8,677 美元到資產負債表的**應付帳款**裡。

2　將本月的折舊費用 7,143 美元加到資產負債表的**累計折舊**。

3　新增 15,820 美元到資產負債表的**存貨**項目中，包含本月的折舊費用 7,143 美元以及製造費用中的「其他」費用 8,677 美元。

存貨明細表

	原物料	在製品	製成品
事項 12 的存貨金額	$181,400	$188,180	$0
E. 記錄本月的折舊費用。	$0	$7,143	$0
F. 記錄製造費用裡的「其他」項目。	$0	$8,677	$0
存貨金額小計（至本次交易為止）	$181,400	$204,000	$0
	存貨金額總計 ＝		$385,400

損益表

從事項 1 至事項 14 的期間		上筆事項	＋　本次事項	＝　總額
1	銷貨淨額	$0	—	$0
2	銷貨成本	0	—	0
1－2＝3	毛利	0		0
4	推銷費用	7,680	—	7,680
5	研發費用	0	—	0
6	管理費用	18,220		18,220
4＋5＋6＝7	營業費用	25,900		25,900
3－7＝8	營業利益	(25,900)		(25,900)
9	利息收入	0	—	0
10	所得稅	0	—	0
8＋9－10＝11	本期淨利	($25,900)	0	($25,900)

IS 交易總額

現金流量表

從事項 1 至事項 14 的期間		上筆事項	＋　本次事項	＝　總額
a	期初現金	$0		$0
b	收現	0	—	0
c	付現	32,760	[1] 20,000	52,760
b－c＝d	營業活動之現金	(32,760)		(52,760)
e	取得固定資產	1,750,000	—	1,750,000
f	借款淨增加（或減少）	1,000,000	—	1,000,000
g	支付之所得稅	0	—	0
h	發行股票	1,550,000	—	1,550,000
a＋d－e＋f－g＋h＝i	期末現金餘額	$767,240	(20,000)	$747,240

CF 交易總額

資產負債表

至事項 14 止		上筆事項	＋　本次事項	＝　總額
A	現金	$767,240	[2] (20,000)	$747,240
B	應收帳款	0	—	0
C	存貨	385,400	—	385,400
D	預付費用	0	—	0
A＋B＋C＋D＝E	流動資產	1,152,640		1,132,640
F	其他資產	0	—	0
G	固定資產原始成本	1,750,000	—	1,750,000
H	累計折舊	7,143	—	7,143
G－H＝I	固定資產淨值	1,742,857		1,742,857
E＋F＋I＝J	總資產	$2,895,497	(20,000)	$2,875,497

資產總額

		上筆事項	＋　本次事項	＝　總額
K	應付帳款	$361,077	[3] (20,000)	341,077
L	應計費用	10,320	—	10,320
M	一年內到期之負債	100,000	—	100,000
N	應付所得稅	0	—	0
K＋L＋M＋N＝O	流動負債	471,397		451,397
P	長期債務	900,000	—	900,000
Q	股本	1,550,000	—	1,550,000
R	保留盈餘	(25,900)	—	(25,900)
Q＋R＝S	股東權益	1,524,100		1,524,100
O＋P＋S＝T	總負債與權益	$2,895,497	(20,000)	$2,875,497

負債與權益總額

| 事項 14 | 付款給事項 10 收到的瓶身標籤。 |

　　我們在超過一個月前收到了蘋果醬的瓶身標籤，現在印刷廠商急著要趕快收到錢。我們在收到瓶身標籤時，新增了一筆支出到應付帳款項目裡。當以現金支付這筆款項給廠商時，我們就會「沖銷」掉這筆應付帳款，並減少現金。

　　要注意，支付這項原物料的費用完全不會影響存貨明細表，因為存貨的值在我們收到標籤並建立這筆應付帳款時就已經增加了。

事項：支付事項 10 中 100 萬個標籤的費用。寄一張 2 萬美元的支票給廠商，付清這筆款項。

1 寄出一張 2 萬元的支票給瓶身標籤的印刷廠商。將這筆金額加到現金流量表中的**付現**。

2 因為寫了支票，所以要將資產負債表中的**現金**減去 2 萬美元。

3 將資產負債表中的**應付帳款**減去 2 萬元，因為我們已經不再欠這筆費用了。

存貨明細表

	原物料	在製品	製成品
事項 13 的存貨金額	$181,400	$204,000	$0
G. 付款給事項 10 的瓶身標籤。	$0	$0	$0
存貨金額小計（至本次交易為止）	$181,400	$204,000	$0
		存貨金額總計 ＝	$385,400

損益表

從事項 1 至事項 15 的期間		上筆事項	+ 本次事項	= 總額
1	銷貨淨額	$0	—	$0
2	銷貨成本	0	—	0
1 − 2 = 3	毛利	0		0
4	推銷費用	7,680	—	7,680
5	研發費用	0	—	0
6	管理費用	18,220	—	18,220
4 + 5 + 6 = 7	營業費用	25,900		25,900
3 − 7 = 8	營業利益	(25,900)		(25,900)
9	利息收入	0		0
10	所得稅	0	—	0
8 + 9 − 10 = 11	本期淨利	($25,900)	0	($25,900)

IS 交易總額

現金流量表

從事項 1 至事項 15 的期間		上筆事項	+ 本次事項	= 總額
a	期初現金	$0		$0
b	收現	0	—	0
c	付現	52,760	—	52,760
b − c = d	營業活動之現金	(52,760)		(52,760)
e	取得固定資產	1,750,000	—	1,750,000
f	借款淨增加（或減少）	1,000,000	—	1,000,000
g	支付之所得稅	0	—	0
h	發行股票	1,550,000	—	1,550,000
a + d − e + f − g + h = i	期末現金餘額	$747,240	0	$747,240

CF 交易總額

資產負債表

至事項 15 止		上筆事項	+ 本次事項	= 總額
A	現金	$747,240	—	$747,240
B	應收帳款	0	—	0
C	存貨	385,400	—	385,400
D	預付費用	0	—	0
A + B + C + D = E	流動資產	1,132,640		1,132,640
F	其他資產	0		0
G	固定資產原始成本	1,750,000	—	1,750,000
H	累計折舊	7,143	—	7,143
G − H = I	固定資產淨值	1,742,857		1,742,857
E + F + I = J	總資產	$2,875,497	0	$2,875,497

資產總額

K	應付帳款	$341,077	—	341,077
L	應計費用	10,320	—	10,320
M	一年內到期之負債	100,000	—	100,000
N	應付所得稅	0	—	0
K + L + M + N = O	流動負債	451,397		451,397
P	長期債務	900,000	—	900,000
Q	股本	1,550,000	—	1,550,000
R	保留盈餘	(25,900)	—	(25,900)
Q + R = S	股東權益	1,524,100		1,524,100
O + P + S = T	總負債與權益	$2,875,497	0	$2,875,497

負債與權益總額

事項 15　**完成生產 19,500 箱蘋果醬，並移到製成品存貨中。**

產品的製造過程，就是一個不斷將原物料和人工移到在製品存貨之後，再到製成品的流程。

當製作完成的蘋果醬終於裝箱，隨時可以出貨之後，我們就會把這些產品放到製成品倉庫裡。我們會依據「標準成本」為這批存貨估值，接著當這批貨運送出去時，這筆金額就會成為**銷貨成本**。

而在我們的存貨明細表裡，在製品存貨會減掉一筆金額，但同時製成品存貨也要加上相同金額，就是我們從在製品移到製成品的產品價格。

記住，我們起初是打算製造 2 萬箱產品，但在製造的過程中有部分不良品產生，因此最後只有 19,500 箱。我們會將這 19,500 箱的產品「移到」製成品存貨裡。在下一筆事項中，我們會解釋為什麼少了 500 箱，以及要怎麼記錄這 500 箱損壞的產品。

19,500 箱存貨的值是 198,900 美元（每箱 10.20 美元的標準成本乘以 19,500 箱）。要注意，雖然當我們把在製品移到製成品時，存貨明細表上會有紀錄，但卻完全不會影響公司的損益表、資產負債表或現金流量表。

只有當產品交付給顧客時，存貨的價格才會變成**銷貨成本**。

事項：就財報來說，將存貨移到不同分類裡，其實只是內部管控的行為，對於 3
　　　　大財報不會有任何影響。至於存貨明細表則會如下表所示，反應出存貨狀
　　　　態的變動。

存貨明細表

	原物料	在製品	製成品
事項 14 的存貨金額	$181,400	$204,000	$0
H. 將 19,500 箱的產品從在製品移到製成品，金額以標準成本計算。	$0	$(198,900)	$198,900
存貨金額小計（至本次交易為止）	$181,400	$5,100	$198,900
		存貨金額總計 ＝	$385,400

損益表

從事項 1 至事項 16 的期間		上筆事項	+ 本次事項	= 總額
1	銷貨淨額	$0	—	$0
2	銷貨成本	0	[2] 5,100	5,100
1－2＝3	毛利	0		(5,100)
4	推銷費用	7,680	—	7,680
5	研發費用	0	—	0
6	管理費用	18,220	—	18,220
4＋5＋6＝7	營業費用	25,900		25,900
3－7＝8	營業利益	(25,900)		(31,000)
9	利息收入	0	—	0
10	所得稅	0	—	0
8＋9－10＝11	本期淨利	($25,900)	(5,100)	($31,000)

IS 交易總額

現金流量表

從事項 1 至事項 16 的期間		上筆事項	+ 本次事項	= 總額
a	期初現金	$0		$0
b	收現	0	—	0
c	付現	52,760	—	52,760
b－c＝d	營業活動之現金	(52,760)		(52,760)
e	取得固定資產	1,750,000	—	1,750,000
f	借款淨增加 (或減少)	1,000,000	—	1,000,000
g	支付之所得稅	0	—	0
h	發行股票	1,550,000	—	1,550,000
a＋d－e＋f－g＋h＝i	期末現金餘額	$747,240	0	$747,240

CF 交易總額

資產負債表

至事項 16 止		上筆事項	+ 本次事項	= 總額
A	現金	$747,240	—	$747,240
B	應收帳款	0	—	0
C	存貨	385,400	[1] (5,100)	380,300
D	預付費用	0	—	0
A＋B＋C＋D＝E	流動資產	1,132,640		1,127,540
F	其他資產	0	—	0
G	固定資產原始成本	1,750,000	—	1,750,000
H	累計折舊	7,143	—	7,143
G－H＝I	固定資產淨值	1,742,857		1,742,857
E＋F＋I＝J	總資產	$2,875,497	(5,100)	$2,870,397

資產總額

		上筆事項	+ 本次事項	= 總額
K	應付帳款	$341,077	—	341,077
L	應計費用	10,320	—	10,320
M	一年內到期之負債	100,000	—	100,000
N	應付所得稅	0	—	0
K＋L＋M＋N＝O	流動負債	451,397		451,397
P	長期債務	900,000		900,000
Q	股本	1,550,000		1,550,000
R	保留盈餘	(25,900)	[3] (5,100)	(31,000)
Q＋R＝S	股東權益	1,524,100		1,519,000
O＋P＋S＝T	總負債與權益	$2,875,497	(5,100)	$2,870,397

負債與權益總額

事項 16　**報廢與 500 箱蘋果醬等值的在製品存貨。**

在把確定有的產品（19,500 箱）移到製成品存貨之後，我們要找出剩下那 500 箱原本預計要生產的產品了。

一開始，我們有足夠的原料，可以製造 2 萬箱蘋果醬，但卻只產出了 19,500 箱。剩下的 500 箱原料支出和人工成本都還留在在製品存貨裡，但產品到哪去了？

產品的監工說出了答案。好像是工人在啟動新機器時遇到了一些麻煩。問題現在已經排除了，但是在開始生產的第 1 個月裡，每 40 罐蘋果醬裡就有一罐在輸送的過程中被打破。因此，最後的成品只有 19,500 箱，而剩下的 500 箱都損壞了。我們仍然花了製造 2 萬箱所需的人工費用，也用了 2 萬箱所需的原物料，但最後卻只生產 19,500 箱。

好吧，潑出去的蘋果醬已經收不回了。但要怎麼記錄這筆損失？報廢 500 箱蘋果醬，從在製品存貨中減掉這一筆，並在損益表記錄相應的損失。

事項：報廢與 500 箱蘋果醬等值的在製品存貨，並在損益表上記錄一筆相同金額的損失。

1　將資產負債表的**存貨**減去 5,100 美元的存貨金額（500 箱乘上每箱 10.20 美元的標準成本），這批存貨要報廢了。

2　因為在製品存貨中有 500 箱要報廢，所以存貨的值會減少，而這筆 5,100 美元的損失要記錄在**銷貨成本**裡。

3　記得，這筆在損益表上的損失也要反映在資產負債表上，使**保留盈餘**減少。

存貨明細表

	原物料	在製品	製成品
事項 15 的存貨金額	$181,400	$5,100	$198,900
I. 報廢與 500 箱蘋果醬等值的在製品存貨。	$0	$(5,100)	$0
存貨金額小計（至本次交易為止）	$181,400	$0	$198,900
		存貨金額總計＝	$380,300

製造成本差異

在成本會計中最有效率的做法，就是利用事先計算好的成本，也就是所謂的標準成本。這個做法的流程是在開始生產之前，先計算出每單位產品的成本是多少，接著在製造完成後，再拿實際的成本跟標準成本比較。任何差額（無論是多還是少）都要記錄到財報上，列入成本「差異」以反映事實。

標準成本

在蘋果籽公司，我們使用標準成本制來估算存貨的值。這種記帳和幫製造成本作帳的方式既方便又精準。

但要記得，標準成本只是在一切都照計畫走的情況下，我們預期的產品成本。也就是說，如果想要實際成本等於標準成本的話，所有的事情都一定要完完全全照著計畫走（或者在某個部分有多餘的支出時，就要在另一部分省下來）。

在標準存貨制之下，原物料、直接人工及製造費用等不同項目的成本，都會以實際的數量記錄在存貨裡。但當產品放到製成品存貨並售出之後，這筆交易會以「標準成本」記錄。

這時，實際成本跟標準成本之間如果有差額的話，就會被記錄在帳冊上，我們通稱這些差額為製造成本「差異」。

如果蘋果籽公司的的產品和製造成本要「符合標準」，不能有製造成本差異的話：

1. 一定要一個月剛好生產 2 萬箱。
2. 原料的成本一定要和預估的一樣。
3. 使用的原料數量一定要和計畫一樣。

　　4. 製造 2 萬箱產品的直接人工成本不能多也不能少，且不能加班。

　　5. 製造過程中沒有超過預期的報廢品。

　　大部分的時候，事情總是無法完美地照預期完成，於是就需要將這些差異記錄到帳冊上。要記得，製造成本會計是建立在標準成本之上的。我們會將標準成本用在存貨成本和銷貨成本上。如果實際成本和標準成本不同的話（大部分的時候都會不同，只希望不會差太多），就需要調整帳冊，將差異的總額記錄在帳冊。

　　要注意的是，雖然蘋果籽公司的情況不適用，但實際上還有另一種製造成本差異，叫做**組合差異**。一間公司有多種產品的話，某一項產品就可以製造得比預期多（或少）。而這樣的產量差異，可能會使製造成本要「吸收」的量變多（或變少），端視相關的製造費用在製成品的成本中占了多少比例，而無論是吸收得比較多還是比較少都應該要記錄下來。

　　簡而言之，當產出的成品比預期多或少時，就會有**產量差異**。因此就需要將固定成本和製造費用平均分攤到較少的產品上（導致成本變高），或者到較多產品上（成本降低）。當原料的成本比預期高或低時，就會有**支出差異**，而實際的產品成本會顯示這項差異。**人工差異**很好理解，如果製造產品所需的工時高於原先預期的話，產品的成本就一定會高於預期。

　　如果蘋果籽公司的單月製造成本差異一直很大，就需要調整標準成本，以更符合實際狀況。

差異的種類

如果蘋果籽公司的的產品和製造成本要「符合標準」，不能有製造成本差異的話：

- 一定要一個月生產 2 萬箱，不能多也不能少，否則會有**產量差異**。

- 原料的成本一定要和預估的一樣，不能多也不能少，否則會有**採購差異**。

- 使用的原料數量一定要和計劃一樣，否則會有**用量差異**。

- 製造 2 萬箱產品的直接人工成本也是不能多不能少，不能加班。否則會有**人工差異**。

- 製造過程中沒有超過預期的報廢品，否則會有**良率差異**。

如果蘋果籽公司的單月製造成本差異一直很大，就需要調整標準成本，以更符合實際狀況。

損益表

從事項 1 至事項 17 的期間

		上筆事項	+ 本次事項	= 總額
1	銷貨淨額	$0	—	$0
2	銷貨成本	5,100	—	5,100
1－2＝3	毛利	(5,100)		(5,100)
4	推銷費用	7,680	—	7,680
5	研發費用	0	—	0
6	管理費用	18,220	—	18,220
4＋5＋6＝7	營業費用	25,900		25,900
3－7＝8	營業利益	(31,000)		(31,000)
9	利息收入	0	—	0
10	所得稅	0	—	0
8＋9－10＝11	本期淨利	($31,000)	0	($31,000)

IS 交易總額

現金流量表

從事項 1 至事項 17 的期間

		上筆事項	+ 本次事項	= 總額
a	期初現金	$0		$0
b	收現	0		0
c	付現	52,760	[1] 150,000	202,760
b－c＝d	營業活動之現金	(52,760)		(202,760)
e	取得固定資產	1,750,000	—	1,750,000
f	借款淨增加（或減少）	1,000,000	—	1,000,000
g	支付之所得稅	0	—	0
h	發行股票	1,550,000	—	1,550,000
a＋d－e＋f－g＋h＝i	期末現金餘額	$747,240	(150,000)	$597,240

CF 交易總額

資產負債表

至事項 17 止

		上筆事項	+ 本次事項	= 總額
A	現金	$747,240	[2] (150,000)	$597,240
B	應收帳款	0	—	0
C	存貨	380,300	—	380,300
D	預付費用	0	—	0
A＋B＋C＋D＝E	流動資產	1,127,540		977,540
F	其他資產	0		0
G	固定資產原始成本	1,750,000	—	1,750,000
H	累計折舊	7,143	—	7,143
G－H＝I	固定資產淨值	1,742,857		1,742,857
E＋F＋I＝J	總資產	$2,870,397	(150,000)	$2,720,397

資產總額

		上筆事項	+ 本次事項	= 總額
K	應付帳款	$341,077	[3] (150,000)	191,077
L	應計費用	10,320	—	10,320
M	一年內到期之負債	100,000	—	100,000
N	應付所得稅	0	—	0
K＋L＋M＋N＝O	流動負債	451,397		301,397
P	長期債務	900,000	—	900,000
Q	股本	1,550,000	—	1,550,000
R	保留盈餘	(31,000)	—	(31,000)
Q＋R＝S	股東權益	1,519,000		1,519,000
O＋P＋S＝T	總負債與權益	$2,870,397	(150,000)	$2,720,397

負債與權益總額

事項 17 付清事項 11 中收到的兩個月份原料費用。

在將第一個月的製成品順利放到倉庫之後，我們舉辦了一場野餐作為慶祝。第一根熱狗才吃到一半，突然來了一通很重要的電話。來電的是我們的蘋果和瓶璃罐供應商：頂點蘋果跟供應瓶公司的總裁。他打來了解我們的生產是否順利，以及預計何時會支付蘋果和玻璃瓶的帳款，他希望我們能付約 15 萬左右。

我們希望能和這位重要的供應商維持良好關係，所以就跟他說：「支票今天就要寄出了」，然後立刻衝回辦公室。

看了一下現在的應付帳款清單，發現我們還欠頂點蘋果公司：79,200 美元的蘋果費用、184,000 美元的玻璃罐費用，以及 33,200 美元的瓶蓋費用，總計未付餘額是 296,400 美元。於是拿出支票簿，寫了一張支票。

事項： 支付蘋果和玻璃罐的部分費用給主要供應商。簽了一張 15 萬的支票支付部分貨款。

1 簽一張 15 萬的支票付給供應商。將這筆金額加到現金流量表的**付現**項目裡。

2 將資產負債表的**現金**減去 15 萬。

3 資產負債表中的**應付帳款**也要減去 15 萬，因為支付了之後我們就不再欠這筆 15 萬的的款項了。

注意： 實際上，支付原料的費用完全不會影響存貨的值。在我們收到原料和建立應付帳款時，存貨的金額就已經增加了。

存貨明細表

	原物料	在製品	製成品
事項 16 的存貨金額	$181,400	$0	$198,900
J. 支付事項 11 中收到的原料費用。	$0	$0	$0
存貨金額小計（至本次交易為止）	$181,400	$0	$198,900
		存貨金額總計 ＝	$380,300

損益表

從事項 1 至事項 18 的期間

			上筆事項	+	本次事項	=	總額
	1	銷貨淨額	$0				$0
	2	銷貨成本	5,100	1	1,530		6,630
1－2＝3	3	毛利	(5,100)				(6,630)
	4	推銷費用	7,680		—		7,680
	5	研發費用	0		—		0
	6	管理費用	18,220		—		18,220
4＋5＋6＝7	7	營業費用	25,900				25,900
3－7＝8	8	營業利益	(31,000)				(32,530)
	9	利息收入	0		—		0
	10	所得稅	0		—		0
8＋9－10＝11	11	本期淨利	($31,000)		(1,530)		($32,530)

IS 交易總額

現金流量表

從事項 1 至事項 18 的期間

			上筆事項	+	本次事項	=	總額
	a	期初現金	$0				$0
	b	收現	0		—		0
	c	付現	202,760	2	9,020		211,780
b－c＝d	d	營業活動之現金	(202,760)				(211,780)
	e	取得固定資產	1,750,000		—		1,750,000
	f	借款淨增加（或減少）	1,000,000		—		1,000,000
	g	支付之所得稅	0		—		0
	h	發行股票	1,550,000		—		1,550,000
a＋d－e＋f－g＋h＝i	i	期末現金餘額	$597,240		(9,020)		$588,220

CF 交易總額

資產負債表

至事項 18 止

			上筆事項	+	本次事項	=	總額
	A	現金	$597,240	3	(9,020)		$588,220
	B	應收帳款	0				0
	C	存貨	380,300	4	197,670		577,970
	D	預付費用	0				0
A＋B＋C＋D＝E	E	流動資產	977,540				1,166,190
	F	其他資產	0				0
	G	固定資產原始成本	1,750,000		—		1,750,000
	H	累計折舊	7,143	5	7,143		14,286
G－H＝I	I	固定資產淨值	1,742,857				1,735,714
E＋F＋I＝J	J	總資產	$2,720,397		181,507		$2,901,904

資產總額

			上筆事項	+	本次事項	=	總額
	K	應付帳款	$191,077	6	174,877		365,954
	L	應計費用	10,320	7	8,160		18,480
	M	一年內到期之負債	100,000		—		100,000
	N	應付所得稅	0		—		0
K＋L＋M＋N＝O	O	流動負債	301,397				484,434
	P	長期債務	900,000				900,000
	Q	股本	1,550,000		—		1,550,000
	R	保留盈餘	(31,000)	8	(1,530)		(32,530)
Q＋R＝S	S	股東權益	1,519,000				1,517,470
O＋P＋S＝T	T	總負債與權益	$2,720,397		181,507		$2,901,904

負債與權益總額

事項 18　生產下個月的美味蘋果醬。

　　公司的進展相當順利。本次事項中會有多筆事項，當中我們會製造另一批一個月份量的蘋果醬，並支付部分帳單。不久之後我們就可以將蘋果醬交到寶貴的客戶手中了！

　　本頁底下的存貨明細表上，有一連串的紀錄（**從 K 到 Q**），都是本月剩下的時間裡發生的會計事項。底下的表格已經將這些動作全都轉換成能夠記錄到蘋果籽財報上的過帳了。

事項：依照下表最右邊的總計欄位，將金額記錄到損益表、現金流量表和資產負債表上。**注意：對這個工作表上的每一筆記錄（從 K 到 Q）而言，資產和負債金額的變動必須相等。**

記錄工作表	K.	L.	M.	N.	O.	P.	Q.	總計	
銷貨成本							$1,530	$1,530	1
付現			$ 9,020					$9,020	2
現金			$(9,020)					$(9,020)	3
存貨	$166,200		$17,180	$7,143	$8,677		$(1,530)	$197,670	4
累計折舊				$7,143				$(7,143)	5
資產總額變動	$166,200	$0	$8,160	$0	$8,677	$0	$(1,530)	$181,507	
應付帳款	$166,200				$8,677			$174,877	6
應計費用			$8,160					$8,160	7
保留盈餘							$(1,530)	$(1,530)	8
負債金額變動	$166,200	$0	$8,160	$0	$8,677	$0	$(1,530)	$181,507	

存貨明細表

	原物料	在製品	製成品
事項 17 的存貨金額	$181,400	$0	$198,900
K. 收到一個月份的原料，但不包括標籤。（請見事項 10）	$166,200	$0	$0
L. 將一個月份的原料移到在製品存貨。（請見事項 12）	$(171,000)	$171,000	$0
M. 支付工人和監工當月薪水。（請見事項 12）	$0	$17,180	$0
N. 記錄當月的折舊費用。（請見事項 13）	$0	$7,143	$0
O. 把當月的其他製造費用記錄在帳冊。（請見事項 13）	$0	$8,677	$0
P. 將 19,000 箱的產品移到製成品存貨中，金額以標準成本計算。（請見事項 15）	$0	$(193,800)	$193,800
Q. 從在製品存貨中報廢 150 箱產品。（請見事項 16）	$0	$(1,530)	$0
存貨金額小計（至本次交易為止）	$176,600	$8,670	$392,700
存貨金額總計 ＝			$577,970

第九章　行銷及販售

　　一位充滿智慧的資深顧問曾經跟我說：「說真的，做生意唯一需要的就是顧客。」

　　蘋果籽公司已經蓄勢待發，要為自家超級好吃的新蘋果醬尋找客戶了。我們會開始替自家產品行銷，並測試市場對於新供應商（我們！）的接受度有多高。

　　接著（很不幸的），我們遇到了做生意時的一大風險：欠債不付款的客戶。

事項 19　印製產品的廣告傳單與當作贈品的 T 恤。

- 為產品訂價、損益平衡分析。

事項 20　新客戶訂了 1,000 箱蘋果醬，以每箱 15.90 美元的價格交付 1,000 箱蘋果醬。

事項 21　收到一筆 15,000 箱的訂單（賒銷），並以每箱 15.66 美元的折扣價計價。

事項 22　交付事項 21 的 15,000 箱蘋果醬，並開發票給客戶。

事項 23　收到事項 22 的客戶支付之 234,000 美元貨款、付佣金給中間商。

事項 24　糟糕！客戶破產了。沖銷 1,000 箱的成本歸入壞帳。

損益表

從事項 1 至事項 19 的期間

		上筆事項	+	本次事項	=	總額
1	銷貨淨額	$0		—		$0
2	銷貨成本	6,630		—		6,630
1－2＝3	毛利	(6,630)				(6,630)
4	推銷費用	7,680	**1**	103,250		110,930
5	研發費用	0		—		0
6	管理費用	18,220		—		18,220
4＋5＋6＝7	營業費用	25,900				129,150
3－7＝8	營業利益	(32,530)				(135,780)
9	利息收入	0				0
10	所得稅	0		—		0
8＋9－10＝11	本期淨利	($32,530)		(103,250)		($135,780)

IS 交易總額

現金流量表

從事項 1 至事項 19 的期間

		上筆事項	+	本次事項	=	總額
a	期初現金	$0				$0
b	收現	0		—		0
c	付現	211,780		—		211,780
b－c＝d	營業活動之現金	(211,780)				(211,780)
e	取得固定資產	1,750,000		—		1,750,000
f	借款淨增加（或減少）	1,000,000		—		1,000,000
g	支付之所得稅	0		—		0
h	發行股票	1,550,000		—		1,550,000
a＋d－e＋f－g＋h＝i	期末現金餘額	$588,220		0		$588,220

CF 交易總額

資產負債表

至事項 19 止

		上筆事項	+	本次事項	=	總額
A	現金	$588,220		—		$588,220
B	應收帳款	0		—		0
C	存貨	577,970		—		577,970
D	預付費用	0		—		0
A＋B＋C＋D＝E	流動資產	1,166,190				1,166,190
F	其他資產	0		—		0
G	固定資產原始成本	1,750,000		—		1,750,000
H	累計折舊	14,286		—		14,286
G－H＝I	固定資產淨值	1,735,714				1,735,714
E＋F＋I＝J	總資產	$2,901,904		0		$2,901,904

資產總額

		上筆事項	+	本次事項	=	總額
K	應付帳款	$365,954	**3**	103,250		469,204
L	應計費用	18,480		—		18,480
M	一年內到期之負債	100,000		—		100,000
N	應付所得稅	0		—		0
K＋L＋M＋N＝O	流動負債	484,434				587,684
P	長期債務	900,000		—		900,000
Q	股本	1,550,000		—		1,550,000
R	保留盈餘	(32,530)	**2**	(103,250)		(135,780)
Q＋R＝S	股東權益	1,517,470				1,414,220
O＋P＋S＝T	總負債與權益	$2,901,904		0		$2,901,904

負債與權益總額

> **事項 19**　印製產品的廣告傳單與當作贈品的 T 恤。

　　一般來說，在販售我們這類的產品時，都是透過食品中間商賣給零售商，最後才會到消費者手裡。中間商就像是製造商的代表，要說服零售商購買不同品牌的產品。為了回報他們的辛勞，這些中間商可以收到銷售額的 2% 作為佣金，但他們沒有商品的所有權，只負責打通關而已。

　　蘋果籽公司雇用了一間一流的製造商代表：機智行銷公司幫忙行銷自家產品。機智行銷公司和蘋果籽談定條件，會將銷售總額的 2% 作為佣金，感謝他們幫忙將蘋果籽公司的蘋果醬賣給零售商。

　　機智行銷公司要求蘋果籽公司準備和提供銷售的文宣，以便發給潛在客戶。同時，大家都認為直接寄發文宣品也會是個很好的行銷方式。

　　我們另外聯絡了一間廣告商，請他們幫忙設計、印製並寄發一份非常精緻的文宣品，以宣傳蘋果籽公司的蘋果醬。另外，這間廣告商還製作了 1 萬件 T 恤給超市作為促銷的贈品。

事項：我們的廣告商給了我們一份帳單，當中包含設計、印製和寄送 4,500 份非常精緻的文宣品，總價為 38,250 美元。T 恤的成本為每件 6.50 美元，因此 1 萬件的總價是 65,000 美元。將這兩筆金額記錄為蘋果籽公司的推銷費用。

1　將文宣品及 T 恤總共 103,250 美元的費用記錄在損益表**的推銷費用**裡。

2　從資產負債表中的**保留盈餘**減去這筆 103,250 美元。

3　在資產負債表的**應付帳款**中加上這筆欠廣告商的總額。

為產品訂價

我們美味的蘋果醬應該要收多少錢？我們應該如何為產品定價？

行銷的教科書會說「價格最好依市場來決定」。在定價時應該要先了解競爭的狀況以及我們的目標，而且製造成本不應該對我們的定價決策有太大的影響力。

我們應該要做的，是在訂出一個有競爭力的價格後，再回頭來看成本是否能有足夠的利潤。如果這個有競爭力的價格會讓我們無法賺到想要的利潤的話，我們只有兩個選擇：降低成本，或是退出市場。

依市場定價

蘋果籽公司的競爭對手有誰？我們的產品與他們的相比之下如何？他們的蘋果醬分別是多少錢？我們該收多少錢才能在市場上競爭？

下表列出了在我們要販售的市場當中，不同蘋果醬品牌的批發和零售定價結構。表格將價格提升的狀況（從製造商到批發商再到零售商的價格都不斷上升），轉換成不同階層通路的售價和成本。記得，低一階層通路的售價就是其上一階層通路的成本。

我們決定要將蘋果籽的蘋果醬定位成中階價位，但品質極佳的蘋果醬。我們認為一罐 1.905 美元的零售價（或是 1 箱 12 罐共 22.86 美元）是非常划算的價格。但這個售價能為我們帶來利潤嗎？這種時候**損益平衡分析**可以幫我們回答這個重要問題。

先複習一下數量與成本分析，接著再翻到 192 頁看損益平衡分析圖。

比較市場上的蘋果醬價格

	製造商的售價 基本價格	批發商的售價 製造商定價 再加 15%	零售商的售價 批發商定價 再加 25%
製造商售價的百分比	100%	115%	143%
零售商售價的百分比	70%	80%	100%
A 品牌	$15.21	$17.49	$21.86
B 品牌	$15.40	$17.71	$22.14
C 品牌	$16.58	$19.07	$23.84
蘋果籽公司	$15.90	$18.29	$22.86

損益平衡分析

金融界的人（例如蘋果籽的銀行專員）都會問這個問題：「你需要賣出多少產品才能有利潤？」

能夠達到有利潤的銷售量就是公司的「損益平衡點」，也就是當產品的銷售超過這個數量時，就能夠由虧轉盈。換句話說，**損益平衡點是當銷售額恰好等於成本和費用的總額，因此公司既沒有利潤也沒有虧損的總銷售量。**

你合作的銀行正在審視公司的營運狀況，並評估公司是否能夠賣出足以產生利潤的量。損益平衡分析著重的是公司對自身獲利（或無法獲利能力）的管理。

讓我們一起幫蘋果籽公司做個損益平衡分析吧。下表列出了蘋果籽公司在不同的銷售量及產量下，當年度的成本與支出。

某些蘋果籽的成本及支出不會因為產量和銷售量不同而改變（**固定成本**），有一些則會（**變動成本**）。

蘋果籽公司不同產量下的預估全年成本及支出

	每箱產品的變動成本	年度固定成本總額	每月生產0箱時的年度總成本	每月生產5,000箱時的年度總成本	每月生產10,000箱時的年度總成本	每月生產15,000箱時的年度總成本	每月生產20,000箱時的年度總成本

不同產量下的全年變動成本總額

＋原物料成本	$8.550	—	$0	$513,000	$1,026,000	$1,539,000	$2,052,000
＋直接人工	$0.615	—	$0	$36,900	$73,800	$110,700	$147,600
＋中間商費用	$0.318	—	$0	$19,080	$38,160	$57,240	$76,320
＝年度變動成本總額	$9.483	—	$0	$568,980	$1,137,960	$1,706,940	$2,275,920

全年固定成本總額（產量增加也不會改變）

＋監工	—	$58,650					
＋折舊	—	$85,714					
＋其他製造費用	—	$104,124		固定成本的總額無論產量多少都一樣，所以才會稱為「固定成本」。無論生產得多了或是少了，這些固定成本都不會有所變動。			
＋管理費用	—	$251,160					
＋利息	—	$100,000					
＋行銷費用	—	$223,250					
＝年度固定成本總額	—	$822,898	$822,898	$822,898	$822,898	$822,898	$822,898

不同產量下的損益報告

＋每箱 15.90 美元下的全年營業	0	$954,000	$1,908,000	$2,862,000	$3,816,000
－全年變動成本總額	0	$568,980	$1,137,960	$1,706,940	$2,275,920
－全年固定成本總額	$822,898	$822,898	$822,898	$822,898	$822,898
＝全年總利潤（或損失）	$(822,898)	$(437,878)	$(52,858)	$332,162	$717,182

　　固定成本：無論蘋果籽公司每月生產和賣出 5 千箱、1 萬箱還是 2 萬箱，每個月的固定成本都是一樣的。固定成本包含了製造費用以及管理費用，這些都和產量無關。從表格中我們可以看到，蘋果籽公司的固定成本是每年 822,898 美元。

　　變動成本：從表格中可以知道，蘋果籽公司每賣出一箱蘋果醬，就要花 9.483 美元在變動成本上。因此，如果蘋果籽每個月賣出 1 萬箱（每年 12 萬箱），變動成本總額就會是每箱 9.483 美元乘上 12 萬箱，得到變動成本總額為 1,137,960 美元。如果每月賣出 2 萬箱，那麼變動成本的總額也會翻倍，來到 2,275,920 美元。

　　現在看看下一頁的蘋果籽公司損益平衡分析圖，這張圖以圖樣方式呈現出了表格中不同要素之間的關係，這些要素包括：（1）總收入、（2）固定成本、（3）變動成本總額，以及（4）產量從每月 0 箱到每月 2 萬 5 千箱時的損益狀況。仔細觀察這張圖，可以發現蘋果籽公司大約在每月製造及售出 10,700 箱時，可以由虧轉盈。而如果生產及銷售量達到 15,000 箱的目標時，獲利能力便有明顯改善。

　　注意，變動成本總額和銷售總額之間的差額，常被稱為「貢獻」（contribution）。意思是，在特定銷售狀況下所賺到的金額，對於支付固定成本、費用和對於產生利潤的「貢獻」有多少。當貢獻的值剛好等於固定成本時，就出現了損益平衡點。

◆◆◆─────────────────────────────

　　利潤是兩個大數字：（1）銷售總額與（2）成本加費用之間的差額。這兩者只要有一些些變動，都可能會大幅改變利潤（或虧損）狀況。而從損益平衡分析圖中我們可以發現，產品的量、成本和價格都與最終的利潤有關。

─────────────────────────────◆◆◆

蘋果籽公司的損益平衡分析圖

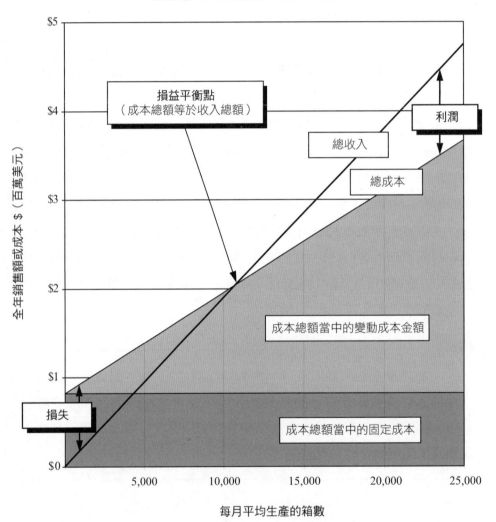

　　損益平衡分析圖是一種很實用而且圖形化分析方法，可以幫助我們了解：（1）產品成本（包括固定和變動成本）如何受產量影響；（2）產品定價如何影響利潤。如同損益平衡圖所示，產品的量、成本和價格彼此相互連動，並且影響到最終的利潤。

損益表

從事項 1 至事項 20 的期間		上筆事項	+	本次事項	=	總額
1	銷貨淨額	$0	**1A**	15,900		$15,900
2	銷貨成本	6,630	**3B**	10,200		16,830
1－2＝3	毛利	(6,630)				(930)
4	推銷費用	110,930	**2A**	318		111,248
5	研發費用	0		—		0
6	管理費用	18,220		—		18,220
4＋5＋6＝7	營業費用	129,150				129,468
3－7＝8	營業利益	(135,780)				(130,398)
9	利息收入	0		—		0
10	所得稅	0		—		0
8＋9－10＝11	本期淨利	($135,780)		5,382		($130,398)

IS 交易總額

現金流量表

從事項 1 至事項 20 的期間		上筆事項	+	本次事項	=	總額
a	期初現金	$0				$0
b	收現	0		—		0
c	付現	211,780		—		211,780
b－c＝d	營業活動之現金	(211,780)				(211,780)
e	取得固定資產	1,750,000		—		1,750,000
f	借款淨增加（或減少）	1,000,000		—		1,000,000
g	支付之所得稅	0		—		0
h	發行股票	1,550,000		—		1,550,000
a＋d－e＋f－g＋h＝i	期末現金餘額	$588,220		0		$588,220

CF 交易總額

資產負債表

至事項 20 止		上筆事項	+	本次事項	=	總額
A	現金	$588,220		—		$588,220
B	應收帳款	0	**1B**	15,900		15,900
C	存貨	577,970	**3A**	(10,200)		567,770
D	預付費用	0		—		0
A＋B＋C＋D＝E	流動資產	1,166,190				1,171,890
F	其他資產	0				0
G	固定資產原始成本	1,750,000		—		1,750,000
H	累計折舊	14,286		—		14,286
G－H＝I	固定資產淨值	1,735,714				1,735,714
E＋F＋I＝J	總資產	$2,901,904		5,700		$2,907,604

資產總額

K	應付帳款	$469,204		—		469,204
L	應計費用	18,480	**2B**	318		18,798
M	一年內到期之負債	100,000		—		100,000
N	應付所得稅	0		—		0
K＋L＋M＋N＝O	流動負債	587,684				588,002
P	長期債務	900,000		—		900,000
Q	股本	1,550,000		—		1,550,000
R	保留盈餘	(135,780)	**4**	5,382		(130,398)
Q＋R＝S	股東權益	1,414,220				1,419,602
O＋P＋S＝T	總負債與權益	$2,901,904		5,700		$2,907,604

負債與權益總額

事項 20	新客戶訂了 1,000 箱蘋果醬，以每箱 15.90 美元的價格交付 1,000 箱蘋果醬。

這是我們期待已久的時刻：蘋果籽公司的第一位顧客！

你的姐夫是間小型連鎖便利商店的經理，在你姐姐的慫恿之下，他訂了 1,000 箱蘋果醬，存放在他位於西北地區的店裡。

過往的經驗讓你對於姐夫的信任和他的體重成反比……而他已經快要 109 公斤了……。總之，你接了這筆訂單，但是要求他先寄一張 15,900 美元的支票支付貨款，然後才會出貨。他拒絕了。你決定要先出貨，並且祈求上天保佑。

事項：收到一筆 1,000 箱的訂單，每箱售價 15.90 美元。運送產品，同時寄出 15,900 的請款單給客戶。

1　（1A）將你的第一筆訂單 15,900 美元記錄在損益表上的**銷貨淨額**。（1B）將同樣的金額加到資產負債表的**應收帳款**。

2　（2A）將我們要給中間商的 2% 佣金（318 美元）記錄在損益表的**推銷費用**裡。（2B）同時還要將這筆 318 美元的佣金記錄在資產負債表的**應計費用**裡。等我們收到錢，中間商才能真的拿到這筆錢。

3　（3A）將資產負債表上的存貨減去 10,200 美元：1,000 箱乘以每箱的標準成本 10.20 美元。（3B）上一步將存貨的金額減少後，相對的**銷貨成本**也要增加 10,200 美元本。

4　將資產負債表上的**保留盈餘**加上 5,382 美元：銷售額減掉銷貨成本，再減掉佣金。這筆金額就是這筆銷售的利潤。

存貨明細表

	原物料	在製品	製成品
事項 18 的存貨金額	$176,600	$8,670	$392,700
R. 以每箱 10.20 美元的標準成本賣出 1,000 箱蘋果醬。	$0	$0	$(10,200)
存貨金額小計（至本次交易為止）	$176,000	$8,670	$382,500
		存貨金額總計 ＝	$567,770

損益表

從事項 1 至事項 21 的期間

			上筆事項	＋	本次事項	＝	總額
	1	銷貨淨額	$15,900		—		$15,900
	2	銷貨成本	16,830		—		16,830
1－2＝3	3	毛利	(930)				(930)
	4	推銷費用	111,248		—		111,248
	5	研發費用	0		—		0
	6	管理費用	18,220		—		18,220
4＋5＋6＝7	7	營業費用	129,468				129,468
3－7＝8	8	營業利益	(130,398)				(130,398)
	9	利息收入	0		—		0
	10	所得稅	0		—		0
8＋9－10＝11	11	本期淨利	($130,398)		0		($130,398)

IS 交易總額

現金流量表

從事項 1 至事項 21 的期間

			上筆事項	＋	本次事項	＝	總額
	a	期初現金	$0				$0
	b	收現	0		—		0
	c	付現	211,780		—		211,780
b－c＝d	d	營業活動之現金	(211,780)				(211,780)
	e	取得固定資產	1,750,000		—		1,750,000
	f	借款淨增加(或減少)	1,000,000		—		1,000,000
	g	支付之所得稅	0		—		0
	h	發行股票	1,550,000		—		1,550,000
a＋d－e＋f－g＋h＝i	i	期末現金餘額	$588,220		0		$588,220

CF 交易總額

資產負債表

至事項 21 止

			上筆事項	＋	本次事項	＝	總額
	A	現金	$588,220		—		$588,220
	B	應收帳款	15,900		—		15,900
	C	存貨	567,770		—		567,770
	D	預付費用	0		—		0
A＋B＋C＋D＝E	E	流動資產	1,171,890				1,171,890
	F	其他資產	0		—		0
	G	固定資產原始成本	1,750,000		—		1,750,000
	H	累計折舊	14,286		—		14,286
G－H＝I	I	固定資產淨值	1,735,714				1,735,714
E＋F＋I＝J	J	總資產	$2,907,604		0		$2,907,604

資產總額

			上筆事項	＋	本次事項	＝	總額
	K	應付帳款	$469,204		—		469,204
	L	應計費用	18,798		—		18,798
	M	一年內到期之負債	100,000		—		100,000
	N	應付所得稅	0		—		0
K＋L＋M＋N＝O	O	流動負債	588,002				588,002
	P	長期債務	900,000				900,000
	Q	股本	1,550,000				1,550,000
	R	保留盈餘	(130,398)				(130,398)
Q＋R＝S	S	股東權益	1,419,602				1,419,602
O＋P＋S＝T	T	總負債與權益	$2,907,604		0		$2,907,604

負債與權益總額

事項 21　收到一筆 15,000 箱的訂單（賒銷），並以每箱 15.66 美元的折
扣價計價。

　　我們的中間商開始發揮作用了。我們可能會在不久之後接到一筆大訂
單，而且下訂的是這一帶最大的食品零售商。貨都在倉庫裡，所以我們承諾
會立即交貨。

　　為了要能談成這筆生易，我們授權中間商給這位可能的未來客戶 1.5% 的
折扣。這間食品零售商最後同意以每箱 15.66 美元的折扣價格（15.90 美元的
售價減掉 24 美分），購買 15,000 箱。

事項： 接到一筆 15,000 箱蘋果醬的訂單，每箱價格為 15.66 美元，總計
234,900 美元。

注意： 接到訂單對於 3 大財報不會有任何影響。只有在客戶訂購的商品交付
之後，才會記錄一筆**銷售**以及相關的**銷貨成本**。

損益表

從事項 1 至事項 22 的期間		上筆事項	＋ 本次事項	＝ 總額
1	銷貨淨額	$15,900	1A 234,900	$250,800
2	銷貨成本	16,830	2A 153,000	169,830
1－2＝3	毛利	(930)		80,970
4	推銷費用	111,248	3A 4,698	115,946
5	研發費用	0	—	0
6	管理費用	18,220	—	18,220
4＋5＋6＝7	營業費用	129,468		134,166
3－7＝8	營業利益	(130,398)		(53,196)
9	利息收入	0	—	0
10	所得稅	0	—	0
8＋9－10＝11	本期淨利	($130,398)	77,202	($53,196)

IS 交易總額

現金流量表

從事項 1 至事項 22 的期間		上筆事項	＋ 本次事項	＝ 總額
a	期初現金	$0		$0
b	收現	0	—	0
c	付現	211,780	—	211,780
b－c＝d	營業活動之現金	(211,780)		(211,780)
e	取得固定資產	1,750,000	—	1,750,000
f	借款淨增加（或減少）	1,000,000	—	1,000,000
g	支付之所得稅	0	—	0
h	發行股票	1,550,000	—	1,550,000
a＋d－e＋f－g＋h＝i	期末現金餘額	$588,220	0	$588,220

CF 交易總額

資產負債表

至事項 22 止		上筆事項	＋ 本次事項	＝ 總額
A	現金	$588,220		$588,220
B	應收帳款	15,900	1B 234,900	250,800
C	存貨	567,770	2B (153,000)	414,770
D	預付費用	0	—	0
A＋B＋C＋D＝E	流動資產	1,171,890		1,253,790
F	其他資產	0		0
G	固定資產原始成本	1,750,000	—	1,750,000
H	累計折舊	14,286	—	14,286
G－H＝I	固定資產淨值	1,735,714		1,735,714
E＋F＋I＝J	總資產	$2,907,604	81,900	$2,989,504

資產總額

K	應付帳款	$469,204	—	469,204
L	應計費用	18,798	3B 4,698	23,496
M	一年內到期之負債	100,000		100,000
N	應付所得稅	0	—	0
K＋L＋M＋N＝O	流動負債	588,002		592,700
P	長期債務	900,000	—	900,000
Q	股本	1,550,000	—	1,550,000
R	保留盈餘	(130,398)	4 77,202	(53,196)
Q＋R＝S	股東權益	1,419,602		1,496,804
O＋P＋S＝T	總負債與權益	$2,907,604	81,900	$2,989,504

負債與權益總額

事項 22　交付事項 21 的 15,000 箱蘋果醬，並開發票給客戶。

　　雖然我們降低了售價好拿到這筆大訂單，但成本卻還是一樣。因此在這筆交易中，我們獲得的利潤會低於用定價售出的利潤。

　　此時，蘋果籽的銷貨淨額是 234,900 美元，而不是以定價售出時的 238,500 美元，銷售額低了 3,600 美元；而毛利（銷售額減去銷貨成本）會是 81,900 美元，而不是 85,500 美元，因此利潤也少了 3,600 美元。

　　事實上，這筆 3,600 美元差額，會一路一直掉到財報的底端，使利潤減少。折扣是會偷偷把利潤吃掉的危險東西，最好別太常用。

事項：送出 15,000 箱的蘋果醬，同時寄出 234,900 美元的請款單給客戶。

1　（1A）將 234,900 美元的銷售額記錄在損益表的**銷貨淨額**裡。
　　（1B）同時在資產負債表上記錄一筆對應的**應收帳款**。

2　（2A）在損益表的**銷貨成本**上記錄這筆交易的成本 153,000 美元，也就是每箱 10.20 美元的標準成本乘上交付的 15,000 箱。
　　（2B）將資產負債表上的**存貨**減去相同金額。

3　（3A）在損益表的**推銷費用**上，記錄一筆 4,698 美元的費用，做為中間人的 2% 佣金。（3B）同時將這筆費用記錄在資產負債表的**應計費用**裡。

4　加一筆 77,202 美元的記錄到資產負債表上的**保留盈餘**裡：銷售額減去銷貨成本再減去佣金。

存貨明細表

	原物料	在製品	製成品
事項 20 的存貨金額	$176,000	$8,670	$382,500
S. 以每箱 10.20 美元的標準成本交付 15,000 箱蘋果醬。	$0	$0	$(153,000)
存貨金額小計（至本次交易為止）	$181,400	$8,670	$229,500
		存貨金額總計 ＝	$414,770

損益表

從事項 1 至事項 23 的期間		上筆事項	+	本次事項	=	總額
1	銷貨淨額	$250,800		—		$250,800
2	銷貨成本	169,830		—		169,830
1－2＝3	毛利	80,970				80,970
4	推銷費用	115,946		—		115,946
5	研發費用	0		—		0
6	管理費用	18,220		—		18,220
4＋5＋6＝7	營業費用	134,166				134,166
3－7＝8	營業利益	(53,196)				(53,196)
9	利息收入	0				0
10	所得稅	0		—		0
8＋9－10＝11	本期淨利	($53,196)		0		($53,196)

IS 交易總額

現金流量表

從事項 1 至事項 23 的期間		上筆事項	+	本次事項	=	總額
a	期初現金	$0				$0
b	收現	0	**1A**	234,900		234,900
c	付現	211,780	**2A**	4,698		216,478
b－c＝d	營業活動之現金	(211,780)				18,422
e	取得固定資產	1,750,000		—		1,750,000
f	借款淨增加（或減少）	1,000,000		—		1,000,000
g	支付之所得稅	0		—		0
h	發行股票	1,550,000		—		1,550,000
a＋d－e＋f－g＋h＝i	期末現金餘額	$588,220		230,202		$818,422

CF 交易總額

資產負債表

至事項 23 止		上筆事項	+	本次事項	=	總額
A	現金	$588,220	**3**	230,202		$818,422
B	應收帳款	250,800	**1B**	(234,900)		15,900
C	存貨	414,770		—		414,770
D	預付費用	0		—		0
A＋B＋C＋D＝E	流動資產	1,253,790				1,249,092
F	其他資產	0				0
G	固定資產原始成本	1,750,000		—		1,750,000
H	累計折舊	14,286		—		14,286
G－H＝I	固定資產淨值	1,735,714				1,735,714
E＋F＋I＝J	總資產	$2,989,504		(4,698)		$2,984,806

資產總額

		上筆事項	+	本次事項	=	總額
K	應付帳款	$469,204		—		469,204
L	應計費用	23,496	**2B**	(4,698)		18,798
M	一年內到期之負債	100,000		—		100,000
N	應付所得稅	0		—		0
K＋L＋M＋N＝O	流動負債	592,700				588,002
P	長期債務	900,000		—		900,000
Q	股本	1,550,000		—		1,550,000
R	保留盈餘	(53,196)		—		(53,196)
Q＋R＝S	股東權益	1,496,804				1,496,804
O＋P＋S＝T	總負債與權益	$2,989,504		(4,698)		$2,984,806

負債與權益總額

事項 23　收到事項 22 的客戶支付之 234,900 美元貨款、付佣金給中間商。

我們的大客戶對於蘋果醬很滿意。他說瓶身的色彩非常明亮，相當吸引顧客。我們非常開心當初決定花這麼多錢設計一個精緻的外包裝。

雖然說「說真的，做生意唯一需要的就是顧客」這句話沒錯，但真正需要的，是會付錢的顧客。在這次的事項中，我們可以收到第一筆應收帳款，並將這筆帳款轉為實質的現金。

事項：收到事項 22 的客戶支付的 234,900 美元貨款。支付佣金 4,698 美元給中間商。

1　（1A）將收到的 234,900 美元記錄到現金流量表的**收現**裡。（1B）從資產負債表的**應收帳款**裡減去相同金額。

2　（2A）寄發一張 4,698 美元的支票給中間商，並記錄在現金流量表的**付現**裡。（2B）從**應計費用**裡減去同樣的金額。

3　在資產負債表的**現金**項目裡加上 230,202 美元（收到的 234,900 美元，減掉支付的 4,698 美元）。

注意：客戶支付貨款給我們不會使損益表有任何改變。損益表只有在 (1) 我們交付貨物時，以及 (2) 客戶有付款義務（我們的應收帳款）時才會記錄交易。

損益表

從事項 1 至事項 24 的期間		上筆事項	+	本次事項	=	總額
1	銷貨淨額	$250,800		—		$250,800
2	銷貨成本	169,830		—		169,830
1 − 2 = 3	毛利	80,970				80,970
4	推銷費用	115,946	**2A**	(318)		115,628
5	研發費用	0				0
6	管理費用	18,220	**1A**	15,900		34,120
4 + 5 + 6 = 7	營業費用	134,166				149,748
3 − 7 = 8	營業利益	(53,196)				(68,778)
9	利息收入	0		—		0
10	所得稅	0				0
8 + 9 − 10 = 11	本期淨利	($53,196)		(15,582)		($68,778)

IS 交易總額

現金流量表

從事項 1 至事項 24 的期間		上筆事項	+	本次事項	=	總額
a	期初現金	$0				$0
b	收現	234,900		—		234,900
c	付現	216,478		—		216,478
b − c = d	營業活動之現金	18,422				18,422
e	取得固定資產	1,750,000		—		1,750,000
f	借款淨增加（或減少）	1,000,000		—		1,000,000
g	支付之所得稅	0				0
h	發行股票	1,550,000		—		1,550,000
a + d − e + f − g + h = i	期末現金餘額	$818,422		0		$818,422

CF 交易總額

資產負債表

至事項 24 止		上筆事項	+	本次事項	=	總額
A	現金	$818,422		—		$818,220
B	應收帳款	15,900	**1B**	(15,900)		0
C	存貨	414,770		—		414,770
D	預付費用	0		—		0
A + B + C + D = E	流動資產	1,249,092				1,233,192
F	其他資產	0		—		0
G	固定資產原始成本	1,750,000		—		1,750,000
H	累計折舊	14,286		—		14,286
G − H = I	固定資產淨值	1,735,714				1,735,714
E + F + I = J	總資產	$2,984,806		(15,900)		$2,968,906

資產總額

		上筆事項	+	本次事項	=	總額
K	應付帳款	$469,204		—		469,204
L	應計費用	18,798	**2B**	(318)		18,480
M	一年內到期之負債	100,000		—		100,000
N	應付所得稅	0		—		0
K + L + M + N = O	流動負債	588,002				587,684
P	長期債務	900,000				900,000
Q	股本	1,550,000				1,550,000
R	保留盈餘	(53,196)	**3**	(15,582)		(68,778)
Q + R = S	股東權益	1,496,804				1,481,222
O + P + S = T	總負債與權益	$2,984,806		(15,900)		$2,968,906

負債與權益總額

事項 24　糟糕！客戶破產了。沖銷 1,000 箱的成本歸入壞帳。

　　還記得在**事項 20**，我們交付了 1,000 箱的蘋果醬給你姐夫的公司嗎？你絕對猜不到發生什麼事了。他們破產了！他現在甚至還想要一份工作。我們永遠收不到錢了。而且由於貨物都已經銷售出去且賣給西北地區愛好蘋果醬的人了，所以我們也不可能把貨物收回來。

事項：沖銷當初交付 1,000 箱貨物時，記錄的 15,900 美元應收帳款。同時也要將原本要付給中間商的佣金從應付帳款中減掉。我們拿不到錢，他們當然也沒錢拿！

1　（1A）將這筆 15,900 美元的壞帳提列在損益表的**管理費用**裡。
　　（1B）把這筆我們永遠收不到的 15,900 美元從資產負債表的**應收帳款**上減掉。這幾個步驟會沖銷那筆交易紀錄。

2　（2A）在損益表的**推銷費用**裡記錄一筆「負的費用」，金額為負 318 美元。（2B）從資產負債表的**應計費用**裡減去相同金額。這幾個步驟會沖銷原本要給中間商的佣金。

3　資產負債表的**保留盈餘**要減少 15,582 美元，也就是要沖銷的銷售總額減去不用再支付的佣金。

　　注意：我們實際支出的損失其實只有已經交付的存貨金額 10,200 美元而已。

　　別忘了在**事項 20** 的時候，我們記錄了這筆交易的利潤 5,382 美元：15,900 美元的銷售額減掉 10,200 美元的銷貨成本後，再減掉 318 美元的佣金。因此，如果你將本次事項中**保留盈餘**項目裡減少的 15,582 美元，以及**事項 20** 中增加的 5,382 美元**保留盈餘**加在一起的話，就會是本次的損失：10,200 美元的壞帳。

第十章　行政管理工作

　　我們一直忙著生產和銷售美味的蘋果醬，但已經營運 3 個月了，是時候注意一些重要的行政管理工作了。

事項 25　支付本年度的商業綜合責任保險費。

事項 26　支付三個月的貸款本金和利息。

事項 27　支付與薪資相關的稅金和保險費。

事項 28　付款給部分供應商……尤其是那些又吝嗇又一直催帳的廠商。

損益表

從事項 1 至事項 25 的期間		上筆事項	＋	本次事項	＝	總額
1	銷貨淨額	$250,800		—		$250,800
2	銷貨成本	169,830		—		169,830
1－2＝3	毛利	80,970				80,970
4	推銷費用	115,628		—		115,628
5	研發費用	0		—		0
6	管理費用	34,120	**2**	6,500		40,620
4＋5＋6＝7	營業費用	149,748				156,248
3－7＝8	營業利益	(68,778)				(75,278)
9	利息收入	0				0
10	所得稅	0				0
8＋9－10＝11	本期淨利	($68,778)		(6,500)		($75,278)

IS 交易總額

現金流量表

從事項 1 至事項 25 的期間		上筆事項	＋	本次事項	＝	總額
a	期初現金	$0				$0
b	收現	234,900		—		234,900
c	付現	216,478	**1A**	26,000		242,478
b－c＝d	營業活動之現金	18,422				(7,578)
e	取得固定資產	1,750,000		—		1,750,000
f	借款淨增加（或減少）	1,000,000		—		1,000,000
g	支付之所得稅	0		—		0
h	發行股票	1,550,000		—		1,550,000
a＋d－e＋f－g＋h＝i	期末現金餘額	$818,422		(26,000)		$792,422

CF 交易總額

資產負債表

至事項 25 止		上筆事項	＋	本次事項	＝	總額
A	現金	$818,422	**1B**	(26,000)		$792,422
B	應收帳款	0		—		0
C	存貨	414,770		—		414,770
D	預付費用	0	**3**	19,500		19,500
A＋B＋C＋D＝E	流動資產	1,233,192				1,226,692
F	其他資產	0				0
G	固定資產原始成本	1,750,000		—		1,750,000
H	累計折舊	14,286		—		14,286
G－H＝I	固定資產淨值	1,735,714				1,735,714
E＋F＋I＝J	總資產	$2,968,906		(6,500)		$2,962,406

資產總額

K	應付帳款	$469,204		—		469,204
L	應計費用	18,480		—		18,480
M	一年內到期之負債	100,000		—		100,000
N	應付所得稅	0		—		0
K＋L＋M＋N＝O	流動負債	587,648				587,684
P	長期債務	900,000		—		900,000
Q	股本	1,550,000		—		1,550,000
R	保留盈餘	(68,778)	**4**	(6,500)		(75,278)
Q＋R＝S	股東權益	1,481,222				1,474,722
O＋P＋S＝T	總負債與權益	$2,968,906		(6,500)		$2,962,406

負債與權益總額

事項 25　**支付本年度的商業綜合責任保險費。**

在我們剛開始營運的第一個月，許多保險業務員來公司推銷商品。最後我們選了閃電公司做為合作的保險公司。閃電公司給了我們一個組合方案，當中包括建築物險、責任險和營業中斷保險等，看起來相當符合我們的需求。我們簽了合約，業務員說會再寄一份今年的帳單，而我們昨天收到了。

事項： 在本次的事項中，我們要付全年的保險費用 2 萬 6 千元，可以獲得保障的時間包括了先前的 3 個月（我們已經營運的時間）以及這個會計年度裡剩下的 9 個月。

1　（1A）簽發一張 2 萬 6 千元的支票給保險業務員，並將這筆錢記錄在現金流量表的**付現**裡。（1B）從資產負債表的**現金**裡減掉相同的金額。

2　將過去 3 個月份的保險費 6,500 美元記錄在損益表的**管理費用**當中。

3　將剩下的 19,500 美元記錄在資產負債表上的**預付費用**裡。這筆保險費的保障時間是接下來的 9 個月。
注意： 隨著時間過去，我們會將這筆剩下的 19,500 美元記錄到損益表中做為費用。到時需要做的事是將費用記錄到損益表上，同時將資產負債表上的**預付費用**減去相同金額。

4　由於在損益表上記錄了 6,500 美元的費用，因此也要將資產負債表的**保留盈餘**減去這筆金額。

損益表

從事項 1 至事項 26 的期間

		上筆事項	+ 本次事項	= 總額
1	銷貨淨額	$250,800	—	$250,800
2	銷貨成本	169,830	—	169,830
1－2＝3	毛利	80,970		80,970
4	推銷費用	115,628	—	115,628
5	研發費用	0	—	0
6	管理費用	40,620	—	40,620
4＋5＋6＝7	營業費用	156,248		156,248
3－7＝8	營業利益	(75,278)		(75,278)
9	利息收入	0	**3A** (25,000)	(25,000)
10	所得稅	0		0
8＋9－10＝11	本期淨利	($75,278)	(25,000)	($100,278)

IS 交易總額

現金流量表

從事項 1 至事項 26 的期間

		上筆事項	+ 本次事項	= 總額
a	期初現金	$0		$0
b	收現	234,900	—	234,900
c	付現	242,478	**1B** 25,000	242,478
b－c＝d	營業活動之現金	(7,578)		(32,578)
e	取得固定資產	1,750,000	—	1,750,000
f	借款淨增加（或減少）	1,000,000	**1A** (25,000)	975,000
g	支付之所得稅	0	—	0
h	發行股票	1,550,000	—	1,550,000
a＋d－e＋f－g＋h＝i	期末現金餘額	$792,422	(50,000)	$742,422

CF 交易總額

資產負債表

至事項 26 止

		上筆事項	+ 本次事項	= 總額
A	現金	$792,422	**1C** (50,000)	$742,422
B	應收帳款	0	—	0
C	存貨	414,770	—	414,770
D	預付費用	19,500	—	19,500
A＋B＋C＋D＝E	流動資產	1,226,692		1,176,692
F	其他資產	0	—	0
G	固定資產原始成本	1,750,000	—	1,750,000
H	累計折舊	14,286	—	14,286
G－H＝I	固定資產淨值	1,735,714		1,735,714
E＋F＋I＝J	總資產	$2,962,406	(50,000)	$2,912,406

資產總額

		上筆事項	+ 本次事項	= 總額
K	應付帳款	$469,204	—	469,204
L	應計費用	18,480	—	18,480
M	一年內到期之負債	100,000	—	100,000
N	應付所得稅	0	—	0
K＋L＋M＋N＝O	流動負債	587,688		587,684
P	長期債務	900,000	**2** (25,000)	875,000
Q	股本	1,550,000	—	1,550,000
R	保留盈餘	(75,278)	**3B** (25,000)	(100,278)
Q＋R＝S	股東權益	1,474,722		1,449,722
O＋P＋S＝T	總負債與權益	$2,962,406	(50,000)	$2,912,406

負債與權益總額

事項 26　**支付三個月的廠房貸款本金和利息。**

　　重看一次事項 3 的貸款攤還時程表，上面列出了我們應該如何償還買下廠房時所貸的款。此外，貸款文件上的附屬細則規定我們必須每季繳納本金及利息。從我們貸款開始已經過了 3 個月，因此需要繳納利息跟本金了。根據攤還時程表，我們今年需要償還的本金是 10 萬美元，利息也是 10 萬美元。

事項：償還本季的貸款本金和利息各 2 萬 5 千美元。

1　（1A）因為支付了 2 萬 5 千元的本金，所以從現金流量表的**借款淨增加（或減少）**中減去這筆金額。（1B）在**付現**中記錄支付的利息 2 萬 5 千美元。（1C）從資產負債表的**現金**項目中減去公司支付的 5 萬美元。

2　將 2 萬 5 千元的本金從資產負債表的**長期債務**中減掉。

3　（3A）2 萬 5 千美元的利息則以負數記錄在損益表的**利息收入**。（3B）從資產負債表上的**保留盈餘**減去這筆損失。

　　注意：本次事項中支付的利息是以負數記錄在財報上的。如果我們在損益表上有**利息費用**這個項目而不是**利息收入**的話，公司支付的利息就會以正數記錄，而利息收入則會被以負數記錄下來。

　　懂了嗎？在決定記錄某筆數值應該要用正數還是負數時，注意會計科目的真正意涵為何相當重要。

損益表

從事項 1 至事項 27 的期間		上筆事項	＋　本次事項	＝　總額
1	銷貨淨額	$250,800	—	$250,800
2	銷貨成本	169,830	—	169,830
1－2＝3	毛利	80,970		80,970
4	推銷費用	115,628	—	115,628
5	研發費用	0	—	0
6	管理費用	40,620	—	40,620
4＋5＋6＝7	營業費用	156,248		156,248
3－7＝8	營業利益	(75,278)		(75,278)
9	利息收入	(25,000)		(25,000)
10	所得稅	0	—	0
8＋9－10＝11	本期淨利	($100,278)	0	($100,278)

IS 交易總額

現金流量表

從事項 1 至事項 27 的期間		上筆事項	＋　本次事項	＝　總額
a	期初現金	$0		$0
b	收現	234,900	—	234,900
c	付現	267,478	1A　18,480	285,958
b－c＝d	營業活動之現金	(32,578)		(51,058)
e	取得固定資產	1,750,000	—	1,750,000
f	借款淨增加（或減少）	975,000	—	975,000
g	支付之所得稅	0	—	0
h	發行股票	1,550,000	—	1,550,000
a＋d－e＋f－g＋h＝i	期末現金餘額	$742,422	(18,480)	$723,942

CF 交易總額

資產負債表

至事項 27 止		上筆事項	＋　本次事項	＝　總額
A	現金	$742,422	1B　(18,480)	$723,942
B	應收帳款	0	—	0
C	存貨	414,770	—	414,770
D	預付費用	19,500	—	19,500
A＋B＋C＋D＝E	流動資產	1,176,692		1,158,212
F	其他資產	0	—	0
G	固定資產原始成本	1,750,000	—	1,750,000
H	累計折舊	14,286	—	14,286
G－H＝I	固定資產淨值	1,735,714		1,735,714
E＋F＋I＝J	總資產	$2,912,406	(18,480)	$2,893,926

資產總額

K	應付帳款	$469,204	—	469,204
L	應計費用	18,480	2　(18,480)	0
M	一年內到期之負債	100,000	—	100,000
N	應付所得稅	0	—	0
K＋L＋M＋N＝O	流動負債	587,648		569,204
P	長期債務	875,000	—	875,000
Q	股本	1,550,000	—	1,550,000
R	保留盈餘	(100,278)	—	(100,278)
Q＋R＝S	股東權益	1,449,722		1,449,722
O＋P＋S＝T	總負債與權益	$2,912,406	(18,480)	$2,893,926

負債與權益總額

事項 27　**支付與薪資相關的稅金和保險費。**

　　我們有一些跟薪資相關的稅和保險費已經到期需要繳款了，所以我們最好趕快繳錢！如果逾期不繳納社會安全稅和代扣所得稅的話，政府可是不會跟你客氣的。

　　這些義務是少數即便破產也不能夠免除的債務。此外，如果公司沒有繳納這些款項的話，美國國稅局（IRS）的人員通常會親自向公司負責人追討款項。

事項：支付與薪資相關的稅金、福利和保險費。寫支票給政府和保險公司，
　　　　總計 18,480 美元，支付代扣所得稅、社會安全稅和其他員工相關的福
　　　　利費用。

> **1**　（1A）在現金流量表的**付現**項目裡記錄 18,480 美元。（1B）從
> 資產負債表的**現金**項目裡減去相同的金額。

> **2**　從資產負債表的**應計費用**裡，減去支付給政府和多間保險公司
> 的 18,480 美元。

> **注意：**損益表和保留盈餘都不受到本次事項的影響，因為蘋果
> 籽公司的帳冊使用應計基礎的會計方法，所以我們早就在這些
> 支出發生時就已經登記為「費用」了，而不是在真的付款時才
> 記錄。

損益表

從事項 1 至事項 28 的期間		上筆事項	＋　本次事項	＝　　總額
1	銷貨淨額	$250,800	—	$250,800
2	銷貨成本	169,830	—	169,830
1－2＝3	毛利	80,970		80,970
4	推銷費用	115,628	—	115,628
5	研發費用	0	—	0
6	管理費用	40,620	—	40,620
4＋5＋6＝7	營業費用	156,248		156,248
3－7＝8	營業利益	(75,278)		(75,278)
9	利息收入	(25,000)	—	(25,000)
10	所得稅	0	—	0
8＋9－10＝11	本期淨利	($100,278)	0	($100,278)

IS 交易總額

現金流量表

從事項 1 至事項 28 的期間		上筆事項	＋　本次事項	＝　　總額
a	期初現金	$0		$0
b	收現	234,900	—	234,900
c	付現	285,958	☐1 150,000	435,958
b－c＝d	營業活動之現金	(51,058)		(201,058)
e	取得固定資產	1,750,000	—	1,750,000
f	借款淨增加（或減少）	975,000		975,000
g	支付之所得稅	0	—	0
h	發行股票	1,550,000		1,550,000
a＋d－e＋f－g＋h＝i	期末現金餘額	$723,942	(150,000)	$573,942

CF 交易總額

資產負債表

至事項 28 止		上筆事項	＋　本次事項	＝　　總額
A	現金	$723,942	☐2 (150,000)	$573,942
B	應收帳款	0	—	0
C	存貨	414,770	—	414,770
D	預付費用	19,500	—	19,500
A＋B＋C＋D＝E	流動資產	1,158,212		1,008,212
F	其他資產	0		0
G	固定資產原始成本	1,750,000		1,750,000
H	累計折舊	14,286	—	14,286
G－H＝I	固定資產淨值	1,735,714		1,735,714
E＋F＋I＝J	總資產	$2,893,926	(150,000)	$2,743,926

資產總額

K	應付帳款	$469,204	☐3 (150,000)	319,204
L	應計費用	0	—	0
M	一年內到期之負債	100,000	—	100,000
N	應付所得稅	0	—	0
K＋L＋M＋N＝O	流動負債	569,204		419,204
P	長期債務	875,000	—	875,000
Q	股本	1,550,000		1,550,000
R	保留盈餘	(100,278)		(100,278)
Q＋R＝S	股東權益	1,449,722		1,449,722
O＋P＋S＝T	總負債與權益	$2,893,926	(150,000)	$2,743,926

負債與權益總額

事項 28　付款給部分供應商……尤其是那些又吝嗇又一直催帳的廠商。

　　有幾間合作的原料供應商最近打電話給我們，問我們營運得還好嗎……
還有，順便問一下我們什麼時候要付款。

　　因為那天正好處於一個很適合寫支票的心情（而且因為不久後就要叫他
們再送蘋果過來了），所以我們就支付了一大筆帳款給供應商。

事項：支付部分蘋果和玻璃罐的貨款給供應商。簽了一張 15 萬的支票，支付
　　　部分貨款。

1　簽一張 15 萬的支票付給供應商。在現金流量表的**付現**中加上這
　　　筆金額。

2　從資產負債表的**現金**科目減去 15 萬。

3　資產負債表的**應付帳款**也要減去 15 萬，因為剛剛支付了之後，
　　　我們就不再欠這筆 15 萬的款項了。

第十一章　成長、利潤、報酬

在本章的事項中，我們會快速瀏覽蘋果籽營運的第一年裡，剩下的時間所發生的事。我們要算出本年度的利潤、需繳納的稅金、宣布股息並發出公司的第一份致股東年報。

稅金跟股利，是一個壞東西跟一個好東西？事實上，沒有稅金的話根本就不會有股利。股利是從保留盈餘當中支出的，一家企業如果有盈餘（因此可以支付股利）就需要支付稅金，沒有就不用；但沒盈餘也就沒股利。所以，沒有稅金就沒有股利。

不過就先說到這裡吧。現在，我們這間已經不算小的公司裡，發生了不少令人振奮的事。一間全國性的大型食品加工集團注意到了我們，集團的老闆特別喜歡我們家的蘋果醬，甚至有可能會收購我們的公司！那麼，我們的公司值多少錢呢？

事項 29　快轉這一年剩下的時間，記錄交易總結。

事項 30　記錄應付所得稅。

事項 31　宣布每股配發 0.375 美元股息並支付股息給普通股股東。

- 現金流量表 vs. 財務狀況變動表。
- 蘋果籽公司的致股東年報。
- 蘋果籽公司值多少錢？如何評估一間公司的價值？

損益表

從事項 1 至事項 29 的期間

		上筆事項	＋　本次事項	＝　總額
1	銷貨淨額	$250,800	2,804,760	$3,055,560
2	銷貨成本	169,830	1,836,000	2,005,830
1－2＝3	毛利	80,970	968,760	1,049,730
4	推銷費用	115,628	212,895	328,523
5	研發費用	0	26,000	26,000
6	管理費用	40,620	162,900	203,520
4＋5＋6＝7	營業費用	156,248	401,795	558,043
3－7＝8	營業利益	(75,278)	566,965	491,687
9	利息收入	(25,000)	(75,000)	(100,000)
10	所得稅	0	—	0
8＋9－10＝11	本期淨利	($100,278)	491,965	($391,687)

IS 交易總額

現金流量表

從事項 1 至事項 29 的期間

		上筆事項	＋　本次事項	＝　總額
a	期初現金	$0		$0
b	收現	234,900	2,350,000	2,584,900
c	付現	435,958	2,285,480	2,721,438
b－c＝d	營業活動之現金	(201,058)	64,520	(136,538)
e	取得固定資產	1,750,000	—	1,750,000
f	借款淨增加（或減少）	975,000	(75,000)	900,000
g	支付之所得稅	0	—	0
h	發行股票	1,550,000	—	1,550,000
a＋d－e＋f－g＋h＝i	期末現金餘額	$573,942	(10,480)	$563,462

CF 交易總額

資產負債表

至事項 29 止

		上筆事項	＋　本次事項	＝　總額
A	現金	$573,942	(10,480)	$563,462
B	應收帳款	0	454,760	454,760
C	存貨	414,770	—	414,770
D	預付費用	19,500	(19,500)	0
A＋B＋C＋D＝E	流動資產	1,008,212	424,780	1,432,992
F	其他資產	0	—	0
G	固定資產原始成本	1,750,000	—	1,750,000
H	累計折舊	14,286	64,287	78,573
G－H＝I	固定資產淨值	1,735,714	(64,287)	1,671,427
E＋F＋I＝J	總資產	$2,743,926	360,493	$3,104,419

資產總額

		上筆事項	＋　本次事項	＝　總額
K	應付帳款	$319,204	(82,907)	236,297
L	應計費用	0	26,435	26,435
M	一年內到期之負債	100,000	—	100,000
N	應付所得稅	0	—	0
K＋L＋M＋N＝O	流動負債	419,204	(56,472)	362,732
P	長期債務	875,000	(75,000)	800,000
Q	股本	1,550,000	—	1,550,000
R	保留盈餘	(100,278)	491,965	391,687
Q＋R＝S	股東權益	1,449,722	491,965	1,941,687
O＋P＋S＝T	總負債與權益	$2,743,926	360,493	$3,104,419

負債與權益總額

事項 29　快轉這一年剩下的時間，記錄交易總結。

　　蘋果籽公司營運至今已經差不多 3 個月了，而我們似乎也慢慢學會如何記錄各種交易，也熟稔了損益表、現金流量表跟資產負債表的操作方法，一切都很有趣。

　　本次會有一連串的記錄，我們要把接下來 9 個月的營運時間裡，蘋果籽公司發生的事全部濃縮起來並做個總結。大家可以從財報裡看到，在接下來的 9 個月裡，我們賣出了 280 萬美元的蘋果醬，所以全年的總額是 310 萬美元。

　　我們在這一年中從客戶那收到了將近 260 萬美元，同時也支付了 270 多萬美元給供應商和員工等。最重要的是，我們的現金流轉正了（這代表我們收到的錢比付出去的多），過去的 9 個月裡總共達到 64,520 美元。但要注意的是，就全年來看，現金流是負 136,538 美元。

　　本次的交易總結記錄完成後，我們營運的第一年也就來到了尾聲。讓我們一起來看看最後的結果。營業利益總額有 491,687 美元。減去需繳納的貸款之後，全年的稅前總利潤是 391,687 美元。

　　看起來相當不錯。下個事項再來看稅金。

事項：將蘋果籽公司第一個會計年度裡，剩下的 9 個月所發生的交易事項總結後記錄到損益表、現金流量表跟資產負債表上。

損益表

從事項 1 至事項 30 的期間		上筆事項	＋	本次事項	＝	總額
1	銷貨淨額	$3,055,560		―		$3,055,560
2	銷貨成本	2,005,830		―		2,005,830
1－2＝3	毛利	1,049,730				1,049,730
4	推銷費用	328,523		―		328,523
5	研發費用	26,000		―		26,000
6	管理費用	203,520		―		203,520
4＋5＋6＝7	營業費用	558,043				558,043
3－7＝8	營業利益	491,687				491,687
9	利息收入	(100,000)		―		(100,000)
10	所得稅	0	1A	139,804		0
8＋9－10＝11	本期淨利	391,687		(139,804)		$251,883

IS 交易總額

現金流量表

從事項 1 至事項 30 的期間		上筆事項	＋	本次事項	＝	總額
a	期初現金	$0				$0
b	收現	2,584,900		―		2,584,900
c	付現	2,721,438		―		2,721,438
b－c＝d	營業活動之現金	(136,538)				(136,538)
e	取得固定資產	1,750,000		―		1,750,000
f	借款淨增加（或減少）	900,000		―		900,000
g	支付之所得稅	0		―		0
h	發行股票	1,550,000		―		1,550,000
a＋d－e＋f－g＋h＝i	期末現金餘額	$563,462		0		$563,462

CF 交易總額

資產負債表

至事項 30 止		上筆事項	＋	本次事項	＝	總額
A	現金	$563,462		―		$563,462
B	應收帳款	454,760		―		454,760
C	存貨	414,770		―		414,770
D	預付費用	0		―		0
A＋B＋C＋D＝E	流動資產	1,432,992				1,432,992
F	其他資產	0		―		0
G	固定資產原始成本	1,750,000		―		1,750,000
H	累計折舊	78,573		―		78,573
G－H＝I	固定資產淨值	1,671,427				1,671,427
E＋F＋I＝J	總資產	$3,104,419		0		$3,104,419

資產總額

		上筆事項	＋	本次事項	＝	總額
K	應付帳款	$236,297		―		236,297
L	應計費用	26,435		―		26,435
M	一年內到期之負債	100,000		―		100,000
N	應付所得稅	0	2	139,804		139,804
K＋L＋M＋N＝O	流動負債	362,732				502,536
P	長期債務	800,000		―		800,000
Q	股本	1,550,000		―		1,550,000
R	保留盈餘	391,687	1B	(139,804)		251,883
Q＋R＝S	股東權益	1,941,687				1,801,883
O＋P＋S＝T	總負債與權益	$3,104,419				$3,104,419

負債與權益總額

| 事項 30 | 記錄應付所得稅。 |

　　稅的部分很簡單。在美國，對大部分的公司來說，只要用稅前的總收入乘以 34% 就好了。接著拿出你的支票簿，寫一張這筆金額的支票給政府。如果沒有準時繳納這筆錢，或者在帳目上動手腳而被國稅局抓到的話，是會坐牢的。

　　你看，稅的部分真的很簡單吧。在這筆事項中，我們會計算我們需要繳納給政府的稅額並記錄下來。之後等繳稅的日期到了再實際繳納。

事項：稅前的總收入為 391,687 美元，當中蘋果籽公司需繳納 34%（133,173 美元）的聯邦稅，以及 6,631 美元的州政府稅，因此總共需繳納的所得稅為 139,804 美元。我們在近幾個月內還不需要真的繳納。

1 （1A）將 139,804 美元的所得稅記錄在損益表的**所得稅**科目裡。（1B）將資產負債表的**保留盈餘**減去同等的金額。

2 將這筆 139,804 美元的稅金記錄在資產負債表的**應付所得稅**項目裡。

損益表

從事項 1 至事項 31 的期間		上筆事項	＋ 本次事項	＝ 總額
1	銷貨淨額	$3,055,560	—	$3,055,560
2	銷貨成本	2,005,830	—	2,005,830
1－2＝3	毛利	1,049,730		1,049,730
4	推銷費用	328,523	—	328,523
5	研發費用	26,000	—	26,000
6	管理費用	203,520	—	203,520
4＋5＋6＝7	營業費用	558,043		558,043
3－7＝8	營業利益	491,687		491,687
9	利息收入	(100,000)		(100,000)
10	所得稅	139,804	—	139,804
8＋9－10＝11	本期淨利	$251,883	0	$251,883

IS 交易總額

現金流量表

從事項 1 至事項 31 的期間		上筆事項	＋ 本次事項	＝ 總額
a	期初現金	$0		$0
b	收現	2,584,900	—	2,584,900
c	付現	2,721,438	**1A** 75,000	2,796,438
b－c＝d	營業活動之現金	(136,538)		(211,538)
e	取得固定資產	1,750,000		1,750,000
f	借款淨增加（或減少）	900,000	—	900,000
g	支付之所得稅	0	—	0
h	發行股票	1,550,000	—	1,550,000
a＋d－e＋f－g＋h＝i	期末現金餘額	$563,462	(75,000)	$488,462

CF 交易總額

資產負債表

至事項 31 止		上筆事項	＋ 本次事項	＝ 總額
A	現金	$563,462	**1B** (75,000)	$488,462
B	應收帳款	454,760	—	454,760
C	存貨	414,770	—	414,770
D	預付費用	0	—	0
A＋B＋C＋D＝E	流動資產	1,432,992		1,357,992
F	其他資產	0		0
G	固定資產原始成本	1,750,000		1,750,000
H	累計折舊	78,573		78,573
G－H＝I	固定資產淨值	1,671,427		1,671,427
E＋F＋I＝J	總資產	$3,104,419	(75,000)	$3,029,419

資產總額

K	應付帳款	$236,297	—	263,297
L	應計費用	26,435	—	26,435
M	一年內到期之負債	100,000	—	100,000
N	應付所得稅	139,804	—	139,804
K＋L＋M＋N＝O	流動負債	502,536		502,536
P	長期債務	800,000		800,000
Q	股本	1,550,000	—	1,550,000
R	保留盈餘	251,883	**2** (75,000)	176,883
Q＋R＝S	股東權益	1,801,883		1,726,883
O＋P＋S＝T	總負債與權益	$3,104,419	(75,000)	$3,029,419

負債與權益總額

事項 31 | 宣布每股配發 0.375 美元股息並支付股息給普通股股東。

　　這次的會計事項會是蘋果籽公司今年的最後一筆，之後就要關帳了。營運的第一年，公司的表現不錯，董事們決定要投票決定給普通股股東的股利，而要決定的問題是：要發放多少股利？

　　股利是從保留盈餘當中支出的，而至今年底為止，蘋果籽的保留盈餘為25萬。同時，公司有充足的現金，因此能夠發放股利。在一陣討論過後，投票表決的結果是要配發每股 0.375 美元的股利。目前公司發行在外的股份共有 20 萬份，因此公司總共需支出 7 萬 5 千元的股利，其中 56,250 美元給投資人，還有 18,750 美元是給你這位企業家的。

事項：宣布每股配發 0.375 美元股息給蘋果籽的持股人並支付股息。

1　（1A）在現金流量表的**付現**項目裡（請見下方的注意事項），記錄這筆 7 萬 5 千元的股利。（1B）將資產負債表的**現金**減掉相同金額。

2　從資產負債表的**保留盈餘**中減掉支付的 7 萬 5 千美元股利。

　　注意：各位在我們的說明中看到的現金流量表是經過縮減的版本，換言之，當中並沒有完整列出一般報表會有的所有項目。支付的股息其實應該要認列在**支付現金股利**這個特殊的科目裡，而不是**付現**。支付股利並非營業費用，但付現這個科目是專門記錄營業費用的。請看後兩頁的說明，以了解結構更完整的現金流量表。

現金流量表 vs. 財務狀況變動表

目前為止，我們用來說明蘋果籽公司財報的現金流量表格式，是非常簡化以便於了解現金流動狀況的格式。先前我將現金流量表比喻為支票登記簿，存錢入支票戶代表現金流入，而付款則代表流出。

然而，大部分的會計師其實比較喜歡使用另一種格式來呈現現金流量。這種格式（如 228 頁所示）又被稱為**財務狀況變動表**，更像是一座橋樑，連接期初的資產負債表跟期末的資產負債表。這種「連接用」的格式清楚顯示了資產、負債和權益的各個科目，以便讓人了解哪些科目因為現金流入而有變動，哪些又因為使用現金而改變。

當你看財報時，多數時候看到的都會是像前面章節那樣的現金流量表（不過只會有本期現金流量這一欄，而不會有我們為了教學而放進來的計算欄位）。

這兩種格式都能讓各位得到相同的結果，也就是**期末現金餘額**，只是方式不同而已。此處介紹的這種格式，會將現金的流動狀況分割成 3 種類別，而這些類別是多數人在了解一間公司的現金狀況時最想知道的項目：

1. **營業活動之現金流量**：來自生產及銷售產品的現金流入（或流出）。

2. **投資活動之現金流量**：公司新增（或減少）不動產、廠房及設備等生產性資產時，所流出（或流入）的現金。

3. **融資活動之現金流量**：公司因為發行股票、向銀行借款或支付股利等行為而流入（或流出）之現金。

　　228 頁的財務狀況變動表總結了蘋果籽公司從事項 19 到事項 31 的現金流。之所以選擇這兩筆事項，是因為這段期間的例子可以提供很多資訊；但其實哪兩筆事項都可以。如果回頭看 186 頁**事項 19** 的蘋果籽公司現金流量表，可以看到期末現金餘額是 588,220 美元。再看 224 頁**事項 31** 的蘋果籽公司現金流量表，期末現金餘額則是 488,462 美元。將第一筆的現金餘額減掉第二筆，我們可以發現在這段期間內，現金少了 99,758 美元。

　　先仔細看過下一頁的報表，接著再看底下的附註，以便了解這種「連接式」現金流量說明的架構是什麼。

財務狀況變動表

蘋果籽公司 從事項 19 至事項 31 的期間	至事項 19 止的 資產負債表要素	至事項 31 止的 資產負債表要素	從事項 19 至 事項 31 期間的 現金流量
營業活動之現金流量			
本期淨利（請見註 1）	$(135,780)	$251,883	$387,663
調整項目：			
折舊費用（請見註 2）	14,286	78,573	64,287
營運資金之變動：			
應收帳款（請見註 3）	0	454,760	(454,760)
存貨（請見註 3）	577,970	414,770	163,200
預付費用（請見註 3）	0	0	0
應付帳款（請見註 4）	469,204	236,297	(232,907)
應計費用（請見註 4）	18,480	26,435	7,955
應付所得稅	0	139,804	139,804
營業活動之淨現金流出			$75,242
投資活動之現金流量：			
取得固定資產（請見註 5）	1,750,000	1,750,000	0
投資活動之淨現金流出			0
融資活動之現金流量：			
發行股票（請見註 6）	1,550,000	1,550,000	0
借款之變動（請見註 7）	1,000,000	900,000	(100,000)
支付現金股利（請見註 8）			(75,000)
融資活動之淨現金流出（或流入）			$(175,000)
本期現金淨增加（減少）：			
（從事項 19 至事項 31）			$(99,758)
期初現金：（至事項 19 止）			$588,220
期末現金：（至事項 31 止）			$488,462

註 1. 這個時期的收益是由損益表的數據計算而得：從事項 31 的本期淨利（251,883 美元的利潤）減掉事項 19 的本期淨利（135,780 美元的損失）。

註 2. 由累計折舊之變動計算而得。折舊費用不會影響現金流量，但由於會從本期淨利當中扣除這筆金額，因此必需將此金額在此回加回去，以便顯示現金流動狀態的實際樣貌。

註 3. 由這些資產科目的變動計算而得。注意，資產科目的金額增加代表公司的營運資金增加，以及這個科目的現金流量為正。

註 4. 由這些負債科目的變動計算而得。注意，負債科目的金額增加代表公司的營運資金減少，以及這個科目的現金流量為負。

註 5. 由固定資產（PP&E）的變動計算而得。取得固定資產需要支出現金。

註 6. 由股東權益裡股本科目的變動計算而得。

註 7. 由流動負債與長期債務科目的變動計算而得。整體借款減少會使現金減少；借款增加則會使現金增加。

註 8. 支付股利會使現金減少。

蘋果籽股份有限公司
年報

損益表
從事項 1 至事項 31 的期間

銷貨淨額	$3,055,560
銷貨成本	2,005,830
毛利	1,049,730
推銷費用	328,523
研發費用	26,000
管理費用	203,520
營業費用	558,043
營業利益	491,687
利息收入	(100,000)
所得稅	139,804
本期淨利	$251,883

現金流量表
從事項 1 至事項 31 的期間

期初現金	$0
收現	2,584,900
付現	2,796,438
營業活動之現金	(211,538)
取得固定資產	1,750,000
借款淨增加或減少	900,000
支付之所得稅	0
發行股票	1,550,000
期末現金餘額	$488,462

資產負債表
至事項 31 止

現金	$488,462
應收帳款	454,760
存貨	414,770
預付費用	0
流動資產	1,357,992
其他資產	0
固定資產原始成本	1,750,000
累計折舊	78,573
固定資產淨值	1,671,427
資產總額	$3,029,419
應付帳款	$236,297
應計費用	26,435
一年內到期之負債	100,000
應付所得稅	139,804
流動負債	502,536
長期債務	800,000
股本	1,550,000
保留盈餘	176,883
股東權益	1,726,883
總負債與權益	$3,029,419

親愛的股東們：

很高興能有這個機會向各位報告蘋果籽股份有限公司營運第一年的營運結果，各位的公司在短短的期間內，就達成了初創之時的目標：成為一間高品質且受到各界認可的蘋果醬供應商。

重大事件

今年初，透過發行普通股，蘋果籽成功公司募得了 100 萬美元的資金。這筆資金使我們得以購入高產能的機器設備並時時保有足夠存貨，以便公司打入競爭激烈的蘋果醬市場。

本公司的產量一直維持在每月 2 萬多箱左右。隨著需求不斷增加，我們預估，目前的廠房還能夠容納超過 2 倍的產能；然而，原物料的供給狀況需視西北地區的天氣狀況而定，因此有可能使我們無法將產能提升到預期目標。

財務狀況

蘋果籽公司營運的第一年，總收入超過了 300 萬美元。而今年度的淨利則超過了 25 萬美元，以目前發行在外的 20 萬股來說，即為每股 1.26 美元。

我們的銷售報酬率來到 8%，超過業界平均；股東權益的報酬率為 15%，亦超過業界平均。資產報酬率則為 8%。我們的資產負債表相當健全。在本年度結算時，現金及約當現金總計有 48 萬 8 千美元。

蘋果籽公司持續投入大筆資金進行行銷及銷售。我們相信，這些投資將在未來為我們帶來可觀的報酬，大幅提升蘋果籽公司在市場上的地位，尤其是在蘋果醬這個相當專精的產業裡。

在新的一年裡，我們計劃要新推出幾款瓶身大小不同的果醬和新的包裝方式，以此打進禮品市場。同時，我們也持續試驗獨家口味和特殊顏色的蘋果醬。一款由酢漿草狀玻璃瓶盛裝的亮綠色果醬，預計將於今年的聖派翠克節之前推出，我們相信這款新產品將能在市場上獲得廣大迴響。

在此我要謝謝所有客戶對我們的產品和滿足客戶對蘋果醬需求的能力一直充滿信心。同時也要謝謝所有股東持續支持我們，並謝謝所有員工在蘋果籽營運的第一年裡所付出的辛勞。

祝各位順心

I. M. Rich

總裁兼執行長

蘋果籽公司價值多少錢？

　　我們成功建立了一間蘋果醬公司，你覺得現在這間公司值多少錢呢？這是個好問題，尤其蘋果籽公司的股東一定會很有興趣知道。讓我們來看幾種估計公司價值的方法吧。

　　帳面價值：帳面價值指的是公司在「財報」上所有資產的價值。一間公司的帳面價值為總資產減掉流動負債，再減掉所有長期債務。以蘋果籽公司來說，經過計算後其帳面價值為 1,726,883 美元（計算方式為總資產 3,029,419 美元，減掉流動負債 502,536 美元，再減掉未清償的長期債務 80 萬美元。）

　　清算價值：清算價值指的是一間公司的資產在強制拍賣下能有的價值。一般來說，清算價值對一間持續經營的公司而言不太重要，因為一間營運中的公司，其價值會遠大於其清算價值。

　　但為了好玩（？！），就讓我們來算一下蘋果籽公司的清算價值吧！首先先算出蘋果籽的帳面價值，之後再減掉任何會使這個金額減少的要素，例如假設投入存貨的每一塊美元只能拿回 10 美分，而機器設備則只能拿回 50 美分。在這個假設下，蘋果籽公司的清算價值還不到 50 萬。

　　本益比倍數：公司目前流通在外的股票有 20 萬股，並在去年有 251,883 的稅後淨利。將稅後淨利除以總股數，可以得到每股的盈餘為 1.26 美元。

　　如果我們假設跟蘋果籽公司性質類似的公司，以每股盈餘的 12 倍販售股票，那麼我們公司的價值就會是 1.26 乘上 12 倍，再乘上目前流通的 20 萬股，得到公司的價值為 300 萬美元多一些。

　　市場價值：蘋果籽公司的股票並沒有上市，因此沒有這間公司的「市場價值」。出售未上市的公司就像是賣房子一樣，你能用多少錢買到，這間公司就值多少。

　　現金流量折現法：現金流量折現法是在幫公司估價時，最為精細（也最困難）的估價法。使用這個方法時，你必須先估算在我們要計算的時間內，有多少現金會流到投資人手上（包括股利及最終賣出股票的價格），接著利用一個假設的折現率（推算利息）計算出「淨現值」來。這個方法中牽涉到非常多的假設，對於估計蘋果籽公司的價值而言不是很有用處。話雖如此，但請參考**第二十一章淨現值**當中的說明，以了解更多細節。

不同估價法下的蘋果籽公司價值

估價法	公司的價值
帳面價值	$1,726,883
清算價值	$467,877
本益比倍數	$3,024,000
市場價值	賣給誰？
現金流量折現法	太複雜了！

C部分

財務報表：編製和分析

關於本部分

　　恭喜！你正確地記錄了蘋果籽公司這一年的所有帳目。這是個美好的一年。接下來在這部分裡，會介紹一些技術面的東西和細節。

　　日記帳和分類帳：我們會說明什麼是日記帳和分類帳，這是會計人員用來記下每一筆事項的帳冊。嗯，沒錯，會計人員以前是真的要用紙本帳簿，而且要高高坐在高腳椅上；但現在記帳都是用電腦了。有人還說，電腦讓舞弊變得容易了（因為當分類帳還是紙本帳簿，而且每一筆帳目都要用手寫時，比較難舞弊）。

　　比例分析：接著，我們會一起看幾種常見的財報分析方式，以了解公司的財務狀況。我們會仔細審視公司的清償力、公司是否有效率地使用資產、獲利能力如何，以及是否能有效運用「別人的錢」，也就是借款。

　　會計政策：我們會討論一些不同但受到認可的作帳方式，並討論為什麼有人要使用這些方式記帳。注意，有一些這種「創意性會計」技巧會被用來掩蓋公司的某些問題。

　　假帳：最後，我們會說明幾種舞弊的方式，以及要如何發現舞弊。無論你是員工還是投資人，知道一些老套但有效的舞弊手法很重要。

第十二章　了解日記帳和分類帳

財務會計一詞，意謂著要記錄所有會影響公司財務的事項（交易）。將這些活動在發生的當下記錄下來，可以讓會計人員更容易總結公司的財務狀況並發出財報，而日記帳和分類帳是會計人員初步記下每一筆事項的帳冊。

日記帳是將所有財務活動，依時間順序記錄下來的帳冊（或電腦記錄）。所有事情都記錄在上面，沒有遺漏。只要出現下列情況，就可以（而且必須）記錄在日記帳上：

1. 有合理把握可以知道所需金額。
2. 知道事件發生的時間點。
3. 各交易方之間確實有交換現金、貨品或某些可正式代表特定價值之物品（如股票等）之情事。

分類帳則是依會計科目區分的帳簿。科目就是一種分類，將性質相似且需要追蹤的品項歸為一類。你可以把分類帳想成是一本有很多頁的書，而上頭的每一頁都代表一個科目。

分類帳模式的最大好處在於，這麼做可以讓我們清楚知道在某個特定的時間點，我們擁有的每項物品（科目）分別有多少個。在日記帳上記錄完之後，我們會立即更新分類帳，將變動記錄到相關的科目上。

要注意，**每當我們在日記帳上記錄了一筆會計事項後，一定要改動至少兩個科目（兩頁分類帳），如此才能使資產負債表維持平衡，並使基本會計等式（資產等於負債加權益）維持相等。**

任何會影響公司財務的事項都會影響這個基本等式。這個等式可以說總結了一間公司的整體財務狀況。

　　除此之外，這個等式必須永遠維持平衡。因此，在等式中更改任何一個數字就一定至少要再改動另一個，才能維持等式平衡。會計師們將這種兩兩一組在分類帳上進行記錄的方式稱為**複式簿記法**。

　　下一頁開始是一些蘋果籽公司的分類帳。每一個分類帳目都會顯示這些交易如何影響特定科目。要注意，無論何時，分類帳所呈現的都是蘋果籽公司在那個當下的特定科目結餘。

　　下一頁的現金明細帳列出的所有交易，都是會影響蘋果籽公司支票帳戶裡的現金之交易。**現金明細帳上的期末現金餘額，跟資產負債表上最後一次會計事項的現金帳目是一致的。**

　　後面幾頁則是蘋果籽公司的其他明細帳。

　　日記帳是將所有財務活動依時間順序記錄下來的帳冊（或電腦記錄）。所有事情都記錄在上面，沒有遺漏。

　　分類帳則是依會計科目區分的帳簿。科目就是一種分類，將性質相似且需要追蹤的品項歸為一類。你可以把分類帳想成是一本有很多頁的書，而上頭的每一頁都代表一個科目。

蘋果籽股份有限公司

現金明細帳

交易事項編號及說明		流入現金（＋）	流出現金（－）	期末現金餘額（＝）
	期初餘額			$50,000
事項 1	以每股 10 美元賣出了 15 萬份股票。	$1,500,000		$1,550,000
事項 2	總務及管理人員薪資		$3,370	$1,546,630
事項 3	貸款買新廠房	$1,000,000		$2,546,630
事項 4	購買 150 萬的建物		$1,500,000	$1,046,630
事項 5	行銷、總務及管理人員薪資		$7,960	$1,038,670
事項 6	支付薪資相關稅金給政府		$9,690	$1,028,980
事項 7	支付部分機器設備貨款		$125,000	$903,980
事項 8	支付機器設備尾款		$125,000	$778,980
事項 9	監工人員薪資		$2,720	$776,260
事項 12	支付生產相關人員薪資		$9,020	$767,240
事項 14	支付瓶身標籤款項		$20,000	$747,240
事項 17	支付部分原物料貨款		$150,000	$597,240
事項 18	支付生產相關人員薪資		$9,020	$588,220
事項 23	收到客戶支付之貨款；支付佣金	$234,900	$4,698	$818,422
事項 25	支付保險費		$26,000	$792,422
事項 26	支付貸款本金及利息		$50,000	$742,422
事項 27	支付與薪資相關的稅金和保險費用		$18,480	$723,942
事項 28	付款給著急的供應商		$150,000	$573,942
事項 29	9 個月的交易總結（淨值）		$10,480	$563,462
事項 31	支付股利		$75,000	$488,462

　　注意，底下列出的蘋果籽公司分類帳裡，最右邊欄都是這個科目在該筆交易完成之後的值，分類帳一定要時時更新到最新狀態。

　　如此一來，之後當需要準備編製報表時，分類帳就總是能夠提供正確的科目值。

蘋果籽股份有限公司

應付帳款明細帳

交易事項編號及說明		交易金額	應付帳款
	期初餘額		$0
事項 10	收到標籤	$20,000	$20,000
事項 11	收到兩個月份的原料	$332,400	$352,400
事項 13	把當月的其他製造費用記錄在冊	$8,677	$361,077
事項 14	付款給事項 10 收到的瓶身標籤	$(20,000)	$341,077
事項 17	支付部分原物料貨款	$(150,000)	$191,077
事項 18	收到下一批一個月份的原料	$166,200	$357,277
事項 18	把另一個月的其他製造費用記錄在冊	$8,677	$365,954
事項 19	將廣告傳單以及 T 恤的印製費用記錄在冊	$103,250	$469,204
事項 28	付款給著急的供應商	$(150,000)	$319,204
事項 29	9 個月的交易總結（淨值）	$(82,907)	$236,297

蘋果籽股份有限公司

存貨明細帳

交易事項編號及說明		期初存貨	交易	期末存貨
	期初餘額			$0
事項 10	收到蘋果醬的瓶身標籤	$0	$20,000	$20,000
事項 11	收到兩個月份量的存貨	$20,000	$332,400	$352,400
事項 12	支付生產相關人員薪資	$352,400	$17,180	$369,580
事項 13	把當月的折舊和其他製造費用記錄在冊	$369,580	$15,820	$385,400
事項 16	報廢 500 箱蘋果醬	$385,400	$(5,100)	$380,300
事項 18	生產下個月的蘋果醬	$380,300	$197,670	$577,970
事項 20	交付 1,000 箱的蘋果醬	$577,970	$(10,200)	$567,770
事項 22	交付 15,000 箱的蘋果醬	$567,770	$(153,000)	$414,770

蘋果籽股份有限公司

應計費用明細帳

交易事項編號及說明		交易金額	應計費用
	期初餘額		$0
事項 2	與薪資相關的稅金和福利費用	$2,860	$2,860
事項 5	與薪資相關的稅金和福利費用	$6,830	$9,690
事項 6	支付與薪資相關的稅金和保險費用	$(9,690)	$0
事項 9	與薪資相關的稅金和福利費用	$2,160	$2,160
事項 12	與薪資相關的稅金和福利費用	$8,160	$10,320
事項 18	與薪資相關的稅金和福利費用	$8,160	$18,480
事項 20	代售佣金	$318	$18,798
事項 22	代售佣金	$4,698	$23,496
事項 23	支付代售佣金	$(4,698)	$18,798
事項 24	將事項 20 中的代售佣金沖銷掉	$(318)	$18,480
事項 27	支付與薪資相關的稅金、福利和保險費用	$(18,480)	$0
事項 29	9 個月的交易總結（淨值）	$26,435	$26,435

蘋果籽股份有限公司

應收帳款明細帳

交易事項編號及說明		交易金額	應收帳款
	期初餘額		$0
事項 20	販售蘋果醬：每箱 15.90 美元，1,000 箱	$15,900	$15,900
事項 22	販售蘋果醬：每箱 15.66 美元，15,000 箱	$234,900	$250,800
事項 23	收到事項 22 的貨款	$(234,900)	$15,900
事項 24	來自事項 20 的壞帳：沖銷應收帳款	$(15,900)	$0
事項 29	9 個月的交易總結（淨值）	$454,760	$454,760

第十三章　比率分析

在評斷一間公司的財務狀況時，重要的往往不是銷售、成本、費用和資產等項目的絕對值，而是這些項目之間的關係。

舉例來說：

◆ 目前可用的現金與應付帳款之間的關係，就是了解公司未來清償各項帳單能力的重要指標。

◆ 資產總值與銷售量之間的關係，可以顯示出公司在生產性資產（機器設備及存貨）上的投資為公司帶來獲利的效率。

◆ 毛利占銷售額的比例，可以看出公司將錢花在各式銷售開發及管理活動之後的獲利能力。

比率分析（也就是比較公司資產負債表上兩個數字之間的關係）在下列情形下最為有用：（1）比較每一年的表現，了解公司的運作是越來越好，還是越來越差，（2）比較同一產業裡的不同公司，了解在相同的限制下，哪間公司的表現最佳。

在這一部分，我們要仔細檢視蘋果籽公司營運第一年的財務表現，所以我們會分析公司的財報和幾種常見的指標：

◆ 清償力

◆ 資產管理

◆ 獲利能力

◆ 槓桿比率

最後，我們會比較這些比率在不同產業裡的狀況。有些產業就是比較賺錢，有些需要比較多資金，有些需要的資本則不用這麼多。

共同比報表

損益表和資產負債表都可以轉換成共同比報表以便分析。在共同比報表上，我們可以看到某個科目占最大項目的百分之多少。

共同比損益表：一般說來，損益表最大的項目是銷售額。因此，當損益表轉換成共同比損益表之後，就會列出每個項目占銷售額的百分之多少。在查看共同比損益表時，主要重點在於了解各個成本和支出項目占了銷售總額的百分之幾。

例如，蘋果籽公司的銷貨成本是銷售額的 66%、公司的營業費用占了 18%，淨利則是 8% 等。對於我們這樣的小企業來說，這樣的比例還不差。請看下一頁的蘋果籽公司共同比損益表。

共同比資產負債表：將資產負債表轉換成共同比報表後，所有項目都會以占了資產總額多少百分比的方式呈現。舉例來說，蘋果籽公司的流動資產占了資產總額的 45%、長期債務占總負債與權益的 26% 等。

共同比資產負債表可以協助我們分析公司財務來源的結構和分配狀況，對於分析一間公司不同年度的表現狀況，或是比較兩間不同規模的公司非常有幫助。

在分析公司不同年度的狀況時，應該要問的問題有：為什麼這個項目去年的表現比今年好？跟產業裡的其他公司相比，我們的表現如何？

◆◆◆───────────────────────────

後面幾頁所計算的比率，是依照 229 頁的蘋果籽公司損益表和資產負債表的資料計算得出。財報期間為事項 1 至事項 31 止。

───────────────────────────◆◆◆

共同比損益表

從事項 1 至事項 31 的期間

銷貨淨額	$3,055,560	100%	← 100%
銷貨成本	2,005,830	66%	
毛利	1,049,730	34%	
推銷費用	328,523	11%	
研發費用	26,000	1%	
管理費用	203,520	7%	
營業費用	558,043	18%	
營業利益	491,687	16%	
利息收入	(100,000)	(3%)	
所得稅	139,804	5%	
本期淨利	$251,883	8%	

共同比資產負債表

至事項 31 止

現金	$488,462	16%	
應收帳款	454,760	15%	
存貨	414,770	14%	
預付費用	0	0%	
流動資產	1,357,992	45%	
其他資產	0	0%	
固定資產原始成本	1,750,000	58%	
累計折舊	78,573	3%	
固定資產淨值	1,671,427	55%	
資產總額	$3,029,419	100%	← 100%
應付帳款	$236,297	8%	
應計費用	26,435	1%	
一年內到期之負債	100,000	3%	
應付所得稅	139,804	5%	
流動負債	502,536	17%	
長期債務	800,000	26%	
股本	1,550,000	51%	
保留盈餘	176,883	6%	
股東權益	1,726,883	57%	
總負債與權益	$3,029,419	100%	← 100%

流動資產比率

所謂的流動資產比率，是要評量一間公司在帳單到期時的償付能力。決定這項能力之因素，在於這間公司銀行裡有多少現金可以用，或是公司是否預期能產生足夠的現金（透過銷售貨物以及取得應收帳款）以便在帳單到期時償付。

幾乎每間公司在營運過程中，都會遇到流動性不足，也就是公司無法準時償付債務和帳款等狀況。大部份的時候，流動性不足的狀況只是偶爾或是暫時的，不是個大問題。每間公司總會在某個時候遇到這種情況。

然而，如果一間公司時常或長期處於流動性不足的狀態，那麼這間公司就很有可能會沒錢、無力清償或破產。

所有人都很在意蘋果籽公司償付短期債務的能力，包括自家的員工、供應商和放貸給我們買廠房的銀行等，甚至就連客戶都很在意，因為他們需要有穩定的供貨來源。

◆◆◆────────────────────────────────

　　流動性和獲利能力不一樣，一間公司有可能（而且確實不算少見）同時有好的獲利能力卻又流動性不足。一家公司也有可能從損益表上看來是有淨利的，但手上能用來支付款項的現金卻很少。

────────────────────────────────◆◆◆

資產負債表

至事項 31 止

現金	$488,462	**A**
應收帳款	454,760	**B**
存貨	414,770	
預付費用	0	
流動資產	1,357,992	**C**
其他資產	0	
固定資產原始成本	1,750,000	
累計折舊	78,573	
固定資產淨值	1,671,427	
資產總額	$3,029,419	
應付帳款	$236,297	
應計費用	26,435	
一年內到期之負債	100,000	
應付所得稅	139,804	
流動負債	502,536	**D**
長期債務	800,000	
股本	1,550,000	
保留盈餘	176,883	
股東權益	1,726,883	
總負債與權益	3,029,419	

對於一間成長速度超乎預期的公司來說，高獲利能力伴隨著流動性不足的狀況相當常見。這樣的公司需要更多營運資金，才能投入更多錢到存貨並取得應收帳款，也因此手頭會非常緊。但好消息是，在這種情況時，銀行通常會樂於借錢給這種獲利快速成長而流動性不足的公司。

流動比率（Current Ratio）：要評估一間公司的短期財務狀況時，流動比率是歷史最悠久也最著名的方法。流動比率要看的是公司的流動資產（現金或預期將於一年之內轉換成現金的資產）是否足以償付流動負債（一年內需償付的負債）。

通常，一間製造業的公司若有 2.0 以上的流動比率，就是相當良好的比率。這個比率代表公司擁有的流動資產是流動負債的 2 倍。如果是 1:1 的比率的話，就代表公司只能剛好付清即將到期的債務。也就是說，比例能到 2:0 或以上的話，就會有相當大的財務餘裕。

速動比率（Quick Ratio）：速動比率是比流動比率又再更保守一些的流動性評估方式，有時又被稱為酸性測驗比率（acid test）。速動比率是將公司的「速動資產」（現金和應收帳款）除以流動負債。這時，存貨不考慮在內。

我們可以從底下的算式看到蘋果籽公司的流動性相當好。

蘋果籽公司的流動比率

$$\text{流動比率} = \frac{\text{流動資產}}{\text{流動負債}} = \frac{C}{D} = \frac{\$1,357,992}{\$502,536} = 2.7$$

$$\text{速動比率} = \frac{\text{現金＋應收帳款}}{\text{流動負債}} = \frac{A + B}{D} = \frac{\$488,462 + \$454,760}{\$502,536} = 1.9$$

資產管理比率

　　資產是一間公司的財務引擎。但我們要如何知道我們使用資產的方式是否有效率？我們是否有讓資產發揮最大效用？資產管理比率是個實用的工具，能夠讓我們檢視公司在應收帳款、存貨和固定資產上的投資，對於產生利潤的效用有多大。

　　存貨周轉率：存貨周轉率要評量的是，在對存貨投入特定金額的情況下，公司能做的生意有多少。以蘋果籽為例（見 253 頁），其存貨每年「周轉」四次；也就是說，蘋果籽公司的存貨，要隨時維持在與全年銷貨成本的四分之一等值的量。

　　不同產業的公司所擁有的存貨周轉率差異相當大。例如，一間超市每年的存貨周轉率可能到達 12 次以上，但一間典型的製造業公司則可能只有 2 次。

　　由於我們是根據預期的銷售量來準備存貨，因此存貨周轉率對於任何商業行為的變動都非常敏感。如果銷售的速度放緩，存貨數量就會膨脹，存貨周轉率也會跟著下降，而這通常代表很快就會出問題了。

　　資產周轉率：資產周轉率是比較一般性的評量工具，可以了解資產的使用效率。這項比率顯示的，是公司在特定的資產狀況下，能夠支撐起多大的銷售量。資產周轉率低的公司需要大量的資金才能產生多一點的銷售量；相反的，資產周轉率高的公司能夠在不投注太多資金的情況下，擴展自身的銷售量。

　　應收帳款周轉天數：應收帳款周轉天數顯示的，是一間公司的應收帳款處於未付清狀態的平均天數；換言之，就是交付貨品之後（賒銷），

到客戶真正付款之間的時間有多久。

賒銷會產生應收帳款，並顯示在資產負債表的流動資產內。這些應收帳款代表著將來會流入公司的現金。應收帳款周轉天數（又被稱為平均收現天數）要評量的，是一間公司平均而言需要多久能收到現金。

蘋果籽的銷售條件上寫著「net 30」，這代表我們預期要在交付蘋果醬之後的 30 天內收到貨款。我們可以在的表中看到，蘋果籽公司的應收帳款周轉天數為 54 天。一般來說，公司的應收帳款周轉天數介於 45 天到 65 天之間。

要注意的是，如果蘋果籽公司能夠使客戶早一點付款（假設平均 35 天好了），而且／或者存貨少一點生意也做得下去（存貨周轉率高）的話，那麼就可以擁有許多可以用於其他用途的「自由資金」。

蘋果籽公司的資產管理比率

$$存貨周轉率 = \frac{銷貨成本}{存貨} = \frac{B}{D} = \frac{\$2{,}005{,}830}{\$414{,}770} = 4.8 \text{ 次}$$

$$資產周轉率 = \frac{全年銷售額}{資產} = \frac{A}{E} = \frac{\$3{,}055{,}560}{\$3{,}029{,}419} = 1.0 \text{ 次}$$

$$應收帳款周轉天數 = \frac{應收帳款 \times 365}{全年銷售額} = \frac{C}{A} = \frac{\$454{,}760 \times 365}{\$3{,}055{,}560} = 54 \text{ 天}$$

損益表

從事項 1 至事項 31 的期間

銷貨淨額	$3,055,560	A
銷貨成本	2,005,830	B
毛利	1,049,730	
推銷費用	328,523	
研發費用	26,000	
管理費用	203,520	
營業費用	558,043	
營業利益	491,687	
利息收入	(100,000)	
所得稅	139,804	
本期淨利	$251,883	

資產負債表

至事項 31 止

現金	$488,462	
應收帳款	454,760	C
存貨	414,770	D
預付費用	0	
流動資產	1,357,992	
其他資產	0	
固定資產原始成本	1,750,000	
累計折舊	78,573	
固定資產淨值	1,671,427	
資產總額	$3,029,419	E
應付帳款	$236,297	
應計費用	26,435	
一年內到期之負債	100,000	
應付所得稅	139,804	
流動負債	502,536	
長期債務	800,000	
股本	1,550,000	
保留盈餘	176,883	
股東權益	1,726,883	
總負債與權益	$3,029,419	

獲利能力比率

獲利能力比率就是人們常說的「報酬率」：銷售報酬率、資產報酬率等。獲利能力比率將利潤與其他的財務資訊，像是銷售額、權益或資產等連結在一起。這些比率要評量的，是不同面向的管理者營運能力，也就是在固定的資源之下，管理者能夠帶來多少利潤的能力。

◆◆◆——————————————————————————————————

流動資產比率是瞭解公司短期財務狀況時最重要的指標；而獲利能力則是瞭解長期財務狀況時最重要的工具。

——————————————————————————————————◆◆◆

就長期而言，公司一定要能持續獲利以便維持營運，並且還要能讓股東獲得令人滿意的投資報酬率。

資產報酬率（ROA）： 資產報酬率想要了解的是管理階層利用公司資產產生利潤的能力。

權益報酬率（ROE）： 權益報酬率評量的是管理階層是否有能力讓股東的投資報酬率最大化。事實上，這個比率常被稱為「投資報酬率」，或簡寫為 ROI。

銷售報酬率： 一間公司的銷售報酬率（又稱為邊際利潤）要看的是從銷售額中扣除了所有費用和成本之後所剩下的金額。

毛利率： 一間公司的毛利（又稱為毛利潤）評估的是一間公司製造產品的成本，以及公司能夠投資多少錢在 SG&A 上並同時擁有利潤。

損益表

從事項 1 至事項 31 的期間

銷貨淨額	$3,055,560	**A**
銷貨成本	2,005,830	**B**
毛利	1,049,730	
推銷費用	328,523	
研發費用	26,000	
管理費用	203,520	
營業費用	558,043	
營業利益	491,687	
利息收入	(100,000)	
所得稅	139,804	
本期淨利	$251,883	**C**

資產負債表

至事項 31 止

現金	$488,462	
應收帳款	454,760	
存貨	414,770	
預付費用	0	
流動資產	1,357,992	
其他資產	0	
固定資產原始成本	1,750,000	
累計折舊	78,573	
固定資產淨值	1,671,427	
資產總額	$3,029,419	**D**
應付帳款	$236,297	
應計費用	26,435	
一年內到期之負債	100,000	
應付所得稅	139,804	
流動負債	502,536	
長期債務	800,000	
股本	1,550,000	
保留盈餘	176,883	
股東權益	1,726,883	**E**
總負債與權益	$3,029,419	

　　要注意，不同產業間的毛利率可能會有極大的差距。舉例來說，零售業的毛利率通常為 25% 左右，但電腦軟體公司則可能為 80% 到 90%。這個意思是說，在他們售出產品而賺到的每一塊錢當中，這間軟體公司只花了 10 美分到 20 美分左右來生產產品。

　　蘋果籽目前營運得還不錯，銷售報酬率有 8%，以產業來看，相當不錯；而權益報酬率有 15%，也還不錯。

　　8% 的資產報酬率或許有點低，但對營運第一年來說還不算太糟。

蘋果籽公司的獲利能力比率

$$\text{資產報酬率} = \frac{\text{淨利}}{\text{資產總額}} = \frac{C}{D} = \frac{\$251,883}{\$3,029,419} = 8\%$$

$$\text{權益報酬率} = \frac{\text{淨利}}{\text{股東權益}} = \frac{C}{E} = \frac{\$251,883}{\$1,726,883} = 15\%$$

$$\text{銷售報酬率} = \frac{\text{淨利}}{\text{銷貨淨額}} = \frac{C}{A} = \frac{\$251,883}{\$3,055,560} = 8\%$$

$$\text{毛利率} = \frac{\text{銷貨淨額}-\text{銷貨成本}}{\text{銷貨淨額}} = \frac{A-B}{A} = \frac{\$3,055,560 - \$2,005,830}{\$3,055,560} = 34\%$$

槓桿比率

槓桿比率（又稱安全邊際率）可以用來評估一間公司的資產與債務之間的比例關係。槓桿比率可以（1）顯示一間公司有多少權益可以緩衝並吸收公司的損失；（2）評估公司償付短期和長期債務的能力。

所謂「槓桿」的意思，就是使用他人的錢來為自己產生利潤的行為。用貸款（其他人的錢）取代股本（自己的錢），是希望你所投入的每一分錢所帶來的利益，能夠大於全由自己出資所帶來的利益。

因此，貸款可以「槓桿」你的投資。槓桿比率測量的就是這種槓桿行為的程度。槓桿比率之所以又稱為安全邊際率的原因，是因為一間公司的槓桿程度如果過高的話，風險會很高，對貸款人而言不安全。所以對貸款人來說，這些比率是「安全」比率，但對公司的經營者來說，這是槓桿比率。

對投資人而言，如果財務槓桿太少的話，代表這間公司沒有發揮其獲利能力的最大值。另一方面，過多的債務又代表公司承擔的風險太高，一旦生意稍差便有可能無法償付利息和本金。至於該如何恰到好處地運用貸款，就是管理者的天賦了。

負債權益比率：這項比率顯示的，是公司的債務與股東權益之間的比例。貸款人都希望債務占公司權益的比例低一點。對他們來說，知道公司即使狀況不好，他們的放款還是能收得回來（即便是用股東權益償付的）會讓他們放心。

負債率：這項比率要測量的，是公司的債務與資產總額之間的比例。負債率用於測量公司的營業槓桿程度。就蘋果籽這類型的公司而言，公司的負債股本比率及負債率是相對保守的。

資產負債表

至事項 31 止

現金	$488,462	
應收帳款	454,760	
存貨	414,770	
預付費用	0	
流動資產	1,357,992	
其他資產	0	
固定資產原始成本	1,750,000	
累計折舊	78,573	
固定資產淨值	1,671,427	
資產總額	$3,029,419	A
應付帳款	$236,297	
應計費用	26,435	
一年內到期之負債	100,000	B
應付所得稅	139,804	
流動負債	502,536	
長期債務	800,000	C
股本	1,550,000	
保留盈餘	176,883	
股東權益	1,726,883	D
總負債與權益	$3,029,419	

蘋果籽公司的槓桿比率

$$\textbf{負債權益比率} = \frac{\text{一內年到期} + \text{長期債務}}{\text{股東權益}} = \frac{B+C}{D} = \frac{\$100,000 + \$800,000}{\$1,726,883} = 0.5$$

$$\textbf{負債率} = \frac{\text{一內年到期} + \text{長期債務}}{\text{資產總額}} = \frac{B+C}{A} = \frac{\$100,000 + \$800,000}{\$3,029,419} = 0.3$$

產業和公司比較

　　單純看某項比率還是無法得知太多這間公司的營運狀況，你還需要一個比較的標準或基準點。在比率分析上，有 3 種主要的比較基準。

　　這些財務比率可以比較的對象有（1）公司前幾年的比率、（2）同產業但不同公司的比率，以及（3）產業的平均狀況，我們會分別討論。

　　(1) 過往紀錄：第一個實用的比較基準是公司的過往紀錄。這些比率在這些年來的變化情況為何？營運狀況改善了還是惡化了？毛利減少，顯示成本增加的速度高於價格的成長速度？應收帳款周轉天數變長，顯示收款方面出了點問題？

　　(2) 競爭：第二種實用的比較基準是拿自己的某項比率跟對手公司進行比較。比方說，如果一間公司的資產報酬率遠高於對手公司的話，就代表公司管理資源的能力遠優於對方。

　　(3) 產業：第三種比較基準是和整個產業進行比較。整個產業的平均比率是公開的資料，對於分析師而言，是評估特定公司的財務表現時相當重要的參考值。在 262 頁的圖表裡列出了不同產業裡不同公司的各項比率。要注意的是，不同產業和公司之間的比率可能會有很大的差異。

　　仔細看一下 262 頁的表格。這些比率能讓我們對於這些產業和公司有什麼了解呢？

　　微軟的資產報酬率和權益報酬率非常高，這是一間營運良好的電腦軟體公司會有的典型特徵。相較之下，波士頓愛迪生公司（Boston Edison）和聯合愛迪生公司（ConEd）的資產報酬率以及權益報酬率較

低，是公用事業公司的特徵。

藥廠的存貨周轉率相對較低，代表相對於銷貨成本的存貨值偏高。而在光譜的另一端的麥當勞，其存貨周轉率幾乎達到 90。這麼高的周轉率是餐廳業者的典型狀況，因為其存貨主要是容易腐壞的食材。麥當勞的存貨周轉率這麼高，就表示還沒用過且等著要被做成大麥克的漢堡，通常只會放個幾天而已。

從應收帳款周轉天數來看，可以發現雜貨店和餐廳的應收帳款都非常低。這也不令人意外，因為這兩種產業都是所謂的「現金交易產業」，幾乎沒有讓客人賒購的空間。

汽車公司以及部分零售業擁有偏高的負債權益比率，顯示這些產業會運用槓桿。這些公司利用大筆的借貸金額，可以產生高度的權益報酬率，但資產報酬率則會偏低。

一個產業的毛利率如果很低的話，其能夠犯錯的空間也就不大。對雜貨店而言，因銷售而獲得的 1 美元裡，只有 1 美分的利潤；但相比之下，微軟 1 美元的銷售額中，就有四分之一的利潤。

另外可以注意的是，軟體公司和藥廠擁有的高毛利率，使其可以在投注大量資金到 SG&A 的情況下，仍保有穩健的獲利能力。有些公司天生的獲利能力就比其他公司高，而這通常是因為擁有獨家技術。

還有一點要注意的是，這些比率會隨著產業的循環而有波動，但確實能令我們了解一間公司和整個產業的大致情形。

各產業財務比率之比較（至 1999 年第 4 季止）

	流動資產比率	資產管理比率			獲利能力比率				槓桿比率
	流動比率	存貨周轉率	應收帳款周轉天數	資產周轉率	毛利率	鎖售報酬率	資產報酬率	權益報酬率	負債權益比率
蘋果籽	2.7	4.8 次	54 天	1.0 次	34%	8%	8%	15%	0.5
汽車產業									
通用汽車	6.9	11 次	143 天	0.7 次	21%	3%	3%	21%	7.7
福特汽車	1.0	17 次	9 天	0.6 次	19%	3%	3%	17%	7.5
雜貨業									
威爾森運動器材公司	1.2	7.9 次	6 天	2.4 次	27%	2%	2%	11%	1.0
克羅格公司	0.9	11 次	5 天	4.3 次	24%	1%	1%	不適用	不適用
電腦產業									
IBM	1.2	7.7 次	79 天	0.9 次	40%	7%	7%	25%	0.5
英特爾	2.8	7.1 次	65 天	0.9 次	56%	25%	25%	31%	0.0
軟體業									
賽門鐵克	2.4	9.6 次	69 天	1.4 次	79%	8%	8%	18%	0.0
微軟	3.2	4.6 次	27 天	0.9 次	86%	25%	25%	29%	0.0
電力系統									
波士頓愛迪生公司	0.6	10 次	59 天	0.4 次	65%	8%	8%	11%	0.8
聯合愛迪生公司	0.2	8.7 次	29 天	0.5 次	61%	10%	10%	11%	0.7
食品加工									
金寶湯公司	0.7	5.9 次	29 天	1.2 次	43%	10%	10%	29%	0.3
通用磨坊公司	0.8	5.7 次	23 天	1.6 次	59%	9%	9%	不適用	不適用
零售商									
西爾斯公司	1.9	5.4 次	206 天	1.1 次	35%	3%	3%	26%	3.0
聯合百貨公司	1.8	2.8 次	68 天	1.1 次	39%	2%	2%	6%	1.0
餐廳									
麥當勞	0.5	88 次	16 天	0.6 次	42%	15%	15%	18%	0.6
溫蒂漢堡	1.6	43 次	10 天	1.1 次	26%	8%	8%	12%	0.2
石油產業									
艾克森石油公司	0.9	11 次	27 天	1.3 次	49%	5%	5%	16%	0.2
美孚石油公司	0.8	15 次	37 天	1.7 次	41%	4%	4%	16%	0.4
大型製藥公司									
禮來藥廠	0.9	2.4 次	73 天	0.5 次	71%	21%	21%	25%	0.4
默克藥廠	1.6	4.3 次	49 天	0.8 次	53%	20%	20%	32%	0.1

第十四章　其他會計政策及會計程序

其他會計政策及會計程序

有多種其他的會計政策及程序不僅合法也被廣泛使用，但一間公司在財報上所顯示的價值卻可能因而天差地別。有些人會將本章的主題又稱為「創意性會計」。

所有財報都要依照一般公認會計原則（GAAP）進行編製，但在這些受到認可的原則裡，其實有多種不同的會計政策及程序可用。

究竟要選擇哪種會計政策，可以視管理者的判斷以及當下的情況而定。依據選擇的會計政策不同，財報的結果也可能大相逕庭。這些不同的會計政策因而有可能被管理階層用來粉飾公司的財報。

下一頁的表格列出了幾個現今常用的不同會計政策。管理階層會在會計師的協助之下，從這些受到認可的會計原則中，選出最適合公司以及自身管理哲學的會計政策。

大致上來說，這些不同的會計政策可以分成在財政上比較「激進的」和比較「保守的」兩大類。

保守的會計政策：保守的會計政策通常會低報利潤，並降低存貨和其他資產的價值。許多會計師認為，這麼做是為公司採取了比較「保守」的態度。真正資本化的費用非常少，換言之，他們會將資產的價值認列在資產負債表上，並且分期攤銷而不是立即將其認列為費用。因此，短期內費用會變高而利潤會變低，但就長期來說會比較穩固或保守。

激進的會計政策：激進的會計政策通常會刻意膨脹盈餘，並提高資產價值，採取比較激進的財政態度。由於準備金和折讓比較低，因此使利潤變高。選擇這種會計政策可能會帶來意外的壞消息，像是銷售退回或是維修費用被嚴重低估等。

其他會計政策及會計程序

會計政策	激進的應用	保守的應用
收入認列原則	銷售中 （仍有某些風險）	銷售後 （買家承擔所有風險）
銷貨成本及存貨估價法	先進先出 （FIFO）	後進先出 （LIFO）
折舊法	加速折舊法 （較快）	直線折舊法 （較慢）
準備金與折讓 （保固、壞帳、退回）	低估 （現在的利潤較高）	高估 （之後的利潤較高）
或有負債	只有附註 （推遲負面消息）	知道時記錄 （現金承擔損失）
廣告及行銷支出	資本化 （之後註銷）	費用 （現在註銷）

保守或激進的會計方法沒有誰對誰錯，只是面對一項財務資訊時的不同看法而已。

然而，如果看財報的目的是要了解公司財務狀況的話，了解這間公司在編製財報時究竟是採取激進或保守的態度就非常重要。

如果是保守的會計政策，你大可以放心，因為公司的獲利都是真的；如果是激進的政策，獲利便可能被高估。**要注意的是，如果你發現一間公司將其使用的會計政策從保守改為激進的話，那就要小心了。因為這項改變很可能是某個大麻煩的前兆。**

GAAP 確實給了管理階層一些空間，可以選擇不同的會計政策及程序。然而，一旦選定之後就必須保持一貫，而且不同年度之間的改變通常不該太大。不過在通膨期間，不同的存貨估價法所得出的值可能會有很大的差別。

存貨估價及成本法

別誤會了，FIFO 可不是狗的名字。這是會計人員在計算（1）損益表上的銷貨成本，以及（2）資產負債表上的存貨價值時，可能會用的3種方法之一。

銷貨成本通常是銷售額要成為淨利前，需要扣掉的金額中最大的一筆。存貨在成本中的占比這麼高，那什麼樣的估價法才是最好的呢？GAAP 提供3種基本的選擇。在通貨膨脹的時期，或是原物料成本波動大的時候，這3種存貨估價法所產生的值，可能會差距甚大。這3種估價法是：

1. **平均成本法**：使用平均成本法時，我們會將不同時期採購進來、且放入存貨的貨品價值加總，得出存貨的總值之後再加以平均，以此得出銷貨成本的值。平均成本法很少用，因為不太方便，而且也不太準確。

存貨估價法對於資產負債表及損益表之存貨價值及銷貨成本的影響

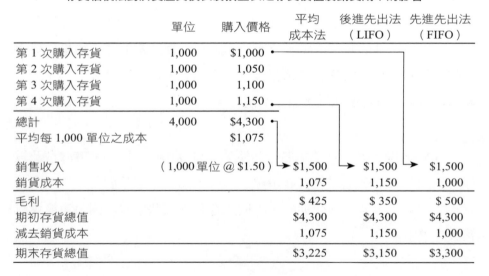

	單位	購入價格	平均成本法	後進先出法（LIFO）	先進先出法（FIFO）
第1次購入存貨	1,000	$1,000			
第2次購入存貨	1,000	1,050			
第3次購入存貨	1,000	1,100			
第4次購入存貨	1,000	1,150			
總計	4,000	$4,300			
平均每1,000單位之成本		$1,075			
銷售收入	（1,000單位 @ $1.50）		$1,500	$1,500	$1,500
銷貨成本			1,075	1,150	1,000
毛利			$ 425	$ 350	$ 500
期初存貨總值			$4,300	$4,300	$4,300
減去銷貨成本			1,075	1,150	1,000
期末存貨總值			$3,225	$3,150	$3,300

先進先出 vs. 後進後出估價法對於財務報表之效果總結

	後進先出	先進先出
貨物成本	↑	↓
存貨價值	↓	↑
利潤	↓	↑

2. **先進先出法（FIFO）：**使用先進先出存貨估價法時，最早購入的原物料成本會被認定為銷貨成本，而最近幾次購入的原物料成本則會在加總之後加以分配，做為期末的存貨價值。

   這種估價法符合一般工廠的貨物處理流程，就是將最近購入的貨品放在冰箱的最後面，而之前買的則放在前面，以便在東西壞掉以前使用。

3. **後進先出法（LIFO）：**使用後進先出法時，最近一次購入的貨物成本會被認列為銷貨成本，而先前購入的貨物成本則做為存貨價值。當存貨成本因為通膨而增加時，使用先進先出法所得出的利潤，會高於後進先出法的利潤（但同時稅也比較高）。

　　上一頁表格說明的，就是在通膨時，3 種不同的存貨估價及成本法對於損益表和資產負債表的影響。根據使用的估價和成本法不同，毛利也會不同，使用後進先出法時可以低到 350 美元，但使用先進先出法時則會高到 500 美元，而平均成本法所得出的毛利，則是位於中間的 425 美元。

　　這些數值全都是正確的存貨價值，只是使用不同會計程序的結果而已。本頁上方的表格總結了兩種估價法的效果。

注意：雖然財報大多數時候都能提供精準而重要的資訊，但還是有其不足之處：

1. 有一些很重要的公司「資產」因為難以量化，所以不被記入（例如很重要的員工或忠實的客戶等）。

2. 只會呈現有形資產的過往價值，而不是現值。

3. 許多重要事項都倚賴容易有誤的推估，像是取得應收帳款、折舊費用以及存貨的銷售程度等。

4. 損益表上的利潤以及資產負債表上的存貨價值，會因為選擇的會計方法不同，而有很大的差異。

第十五章　作假帳

　　絕大部分經過審查的財報，都是以公正的方法編製而成的。財報的編製需要依據一般公認會計原則，並且要證明公司對於財務有健全的掌控以及廉正的管理。但有時還是有例外，有些人會在財報上舞弊，例如非法的現金支用、誤用資產、隱瞞損失、低報費用或是高報盈餘等。

　　在新版的牛津簡明英語詞典當中，對於 cook 一詞有兩種定義。第一種是指戴著白色帽子，站在餐廳後方的人；第二種則和本章的討論有關，即竄改或捏造某事的人。所以，第一種 cook 會幫你煮午餐，第二種 cook 則會吃掉你的午餐。而「作假帳」（Cooking the books）的意思，指的是刻意隱藏或扭曲公司實際的財務狀況。

　　本章會說明一些作假帳的方法，但目的不是要讓你學會作假帳，把這種事留給受過訓練的專業人士就好。相反的，討論這件事是為了讓你更有能力去發現舞弊的蛛絲馬跡，並提醒自己保持警覺。

　　通常管理者作假帳的目的，都是為了在金錢上取得一些個人的好處，像是為了要合理化領到的獎金、維持高股價好讓選擇權更有價值，或是為了隱藏公司表現不佳的事實。最有可能會作假帳的公司，是內部管理不振、管理階層的品格有疑慮，且面臨極大壓力而需有所表現的公司。

　　最常見的作假手法，是從原本應認列在損益表上的項目移至資產負債表上，有時則是反過來。有許多特定手法可以用來提高或減少收入、盈餘、資產及負債，藉以達到商人所想要的不良目標。最簡單的做法是明目張膽地欺騙，捏造出不存在的會計事項，或是忽略必須記錄的會計事項。

　　作假帳和先前說的「創意性會計」完全不同，在會計原則允許的範圍內，以最佳方式呈現公司的財務狀況使其看起來更好，這是創意，是合法而且受到認可的；但作假帳的目的就是為了欺瞞，這是舞弊。

「作假帳」是刻意隱藏或扭曲公司實際的財務表現或財務狀況。無論造假的手法為何，通常都有不良的意圖，例如詐欺等。

損益表：最常見的損益表浮報手法，是將某種偽造的銷售收入報告在報表上，使利潤增加。請見下一頁圖表中的方格 A。

作假帳最簡單的方式，就是**虛報收入**，也就是在使銷售完成的所有條件都齊備以前，就將這筆銷售記錄下來。這麼做的目的，是要浮報銷售額及相關的利潤。有一種比較有創意的手法是跟自己交易，比方說用賣東西給自己的方式來提高收入（方塊 A2b）。

至於比較恰當的作法，是只有在下列條件都滿足後，才能記錄收入：

1. 接到訂單。
2. 產品實際交付。
3. 客戶不接受貨品的風險不大。
4. 公司無需額外採取任何重大動作。
5. 移轉所有權且買家認知到自己有付款之義務。

其他常見的不法提高利潤的手法還有減少支出或篡改成本（方塊 B），要做到這件事有個簡單的作法，就是將某個時期的費用移到另一個時期，目標是讓報告的早期利潤增加，並且希望之後會有好事發生。

資產負債表：通常在作假帳時，會是資產負債表跟損益表兩種一起改。簡便的作假方式是交換資產，如此一來不僅可以浮報資產負債表上的數字，還能在損益表上有利潤（見 274 頁的方塊 D1a）。

浮報損益表的手法

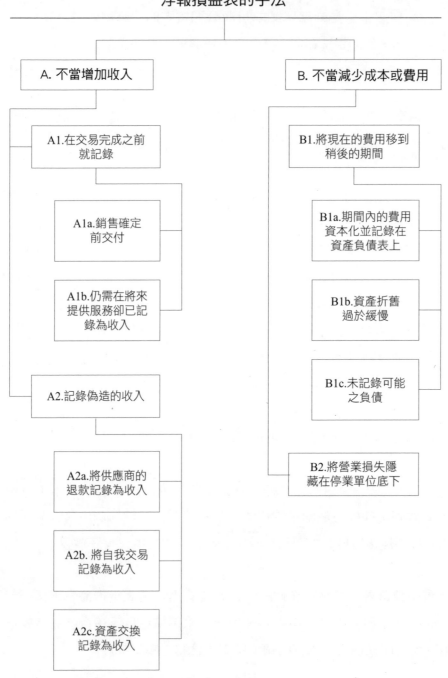

比方說，一間公司擁有一座老舊的倉庫，在公司財報上的帳面價值是 50 萬，也就是原始成本減掉這些年來的累計折舊。事實上，如果真的賣掉的話，這座倉庫的現值是帳面價值的 10 倍，也就是 500 萬。這間公司賣掉了倉庫，在財報上記錄了一筆 450 萬的利潤，接著又花 500 萬在隔壁買了一座類似的倉庫。

所有事其實都沒有改變。這間公司還是有一座倉庫，但新的倉庫在帳面上的價值就是購入時的 500 萬，而非原先經過折舊之後，變得比較低的倉庫價格。公司記錄了一筆 450 萬的收入在帳上，但手上有的錢卻比這次的買賣之前還要少。

◆◆◆ ───────────────────────────

問：一間公司應該要有幾套帳冊？

答：一般來說，企業會有 3 套不同的帳冊，分別用於合法但不同的目的：

1. 其中一套是為了編製財報以便公布給外界和股東看的。

2. 另一套調整過的財報，主要著重在確定應繳納的稅金並為其辯護用。

3. 最後一種則是有特殊格式的財務資訊，讓管理階層可用來管控公司的營運。

─────────────────────────── ◆◆◆

為什麼會有公司要用自己的資產交換另一個非常類似的資產⋯⋯尤其這個資產還需要公司付出現金並繳納沒必要的稅金？這筆交易唯一的「實質」作用，是賣掉一個價格被低估的資產，並記錄一筆只會有一次的收入。如果公司將這筆收入記錄為「營業利益」的話，就是在作假帳：因為利益被不實增加了。而如果這家公司宣稱這筆一次性資金收入是經常性的營業利益的話，就是在刻意謊報公司的盈利能力。

美化資產負債表的手法

就像有些人會不實報稅，而且以為自己不會被抓到一樣，有些公司會「作假帳」，並且希望會計師和監管單位不會發現。

就像是從錢箱裡「借了」20 元，結果到了發薪日時卻還不出這筆「借款」一樣，小小的不法行為有可能像滾雪球一樣演變成重大的舞弊行為。

要記得，會計師的工作只是系統化地審查一間公司的會計和管控流程，並且抽樣幾筆交易，以了解公司是否遵照適當的會計政策和程序。但一個腐敗的管理人員真心要做的話，其實是很有可能騙過這些會計人員的。

再怎麼快速成長的公司，一定都會有成長放緩的時候，管理人員可能受到誘惑，並利用一些會計上的小花招創造出持續成長的表象。在表現不佳的公司，管理者可能是想要掩飾實際的情況有多糟，也可能是想要在被紓困之前拿最後一次紅利；又或者是只要作了假帳，就可以避免公司簽下一份糟糕的貸款合約。總之，一間公司有時可以是體質不佳，又內部管控不良。

我們可以從管理者是否從保守的會計政策改為比較沒那麼保守的政策，像是從後進先出的存貨估價法改成先進先出、原本將行銷費用認列為費用卻改成資本化、放寬收益認列的規則，或是拉長了攤還或折舊的期間等關鍵細節去留意假帳。

像這樣的變動都是警訊。改變會計政策雖然也可能有正當的理由，但這種理由並不多。所以最好要小心一點。

企業規模擴大：策略、風險與資金

關於本部分

　　我們這間新創公司的表現不錯，投資人對於我們的成長感到相當滿意，而我們也可以感受到口袋裡的錢正在叮噹作響。蘋果籽已經成了頗有名氣的品牌，市場對於我們的產品也有相當強勁的需求。

　　回想當初要為我們這家風險不低的新創小公司募資可不是件容易的事，不過姨婆莉莉安看到了我們的潛力，願意賭一把資助我們。現在就連之前抱持懷疑態度的叔公佛瑞德也很高興投資了我們。事實上，在公司出去野餐時，他還說如果我們需要錢來擴大營業的話，記得第一個找他。

　　沒錯，我們來到了一間公司的發展歷程中最讓人開心的時刻，是時候問是否要擴大營運了。如果要的話，又該怎麼做？本書接下來的部分要來討論蘋果籽公司的擴大過程。

歷史 vs. 預估的財務報表

　　先前的章節裡說明了如何記錄一間公司的歷史財務表現，而現在我們要開始向前看、預測未來。我們會學到如何分析不同的投資選項，並制訂計畫，打造公司未來的成功。

　　在分析未來的各種投資方案時，我們會製作所謂的**預估財報**。預估財報的英文是 proforma，意思是「形式上」的。

　　這種財報的格式與一般財報完全相同，但卻是用來為公司的預期表現製作一個模型。預估財務報表（尤其是預估現金流量表）是公司在評估重大的資本投資時相當實用的工具。這種報表會回答：「如果做了這項投資，接下來的財務前景將會如何？」

質性與量化分析法

做生意的本質，就是要透過資本（錢）的流動來創造利潤（更多錢）。而生意能多成功，往往取決於我們能否做出良好的資本投資決策。

在這一部分裡，我們會討論一些對於分析商業決策而言相當實用的質性工具：建立決策樹、運用策略規劃法，以及了解決策中的風險和不確定因素。

不過，錢才能賺錢，所以在本部分的最後一章裡，蘋果籽公司將會發行新股並且新增借貸的金額，藉此籌措擴張的資金。

接著在 E 部分，我們會聚焦在量化工具（淨現值和內部報酬率等等），這些工具在我們選擇不同的資本投資方案時相當有用。

最後在第二十二章，我們會將所學的一切運用在蘋果籽公司的擴展計畫當中。

「決定一間公司未來發展的關鍵因素，是其今日所做的投資。提出並評估有創意的投資方案，是一件重要的大事，不應該只交由財務專家包辦，而應該是整個組織裡的所有管理人員都要持續承擔的責任。」

羅伯特希金斯教授（Robert C. Higgins）

華盛頓大學財務管理分析系

　　來吧！我們要再次審視並確認，我們的使命以及對未來的願景為何。我們會討論決策樹分析法，這是一種結構化的工具，可以分析蘋果籽公司不同的擴張路徑，再從中選出最佳路徑，並依此行事。

　　我們會仔細了解一間公司在決定要投資並擴大規模時，需要面對哪些策略選擇。我們還會學到如何為擴大規模制訂計畫與戰術，以便實行我們的策略。

　　然而，無論我們的預估財報看起來再怎麼漂亮，如果策略有瑕疵的話還是無法成功。我們也會討論風險和不確定性之間的差異，同時也要了解公司可以如何處理不同決策所帶來的潛在負面結果。

　　最後，因為對於自身的計畫及未來發展都深具信心，所以我們會在蘋果籽的資產負債表上增加借款和發行額外的股票，以此籌措資本。

第十六章　使命、願景、目標、策略、
　　　　　　行動及戰術

商業策略是一間公司用以達成特定的商業和財務目標的最高計畫和指令。

現在，蘋果籽公司即將要做出一些重大決策。有時候，做決定很容易，例如只是要在下班後回家的路上順道買一盒玉米片的話，不需要太多的計劃、分析或諮詢，反正我們的牛奶也快沒了。

但是，要做好商業決策的話，最好還是謹慎且有計畫一點，畢竟很多事情都取決於此。但策略究竟是什麼意思？我們要如何制訂策略？

制訂良好的策略是一個過程。我們要提出一些問題、測試某些假設、蒐集資訊。對內要思考自己的優缺點，對外則要了解自己的客群和整體經濟環境。

這樣的過程具有「策略意義」，因為我們試圖在既有的資源下，找出最佳方式來回應這個競爭激烈的大環境。這個過程也是「計劃」的過程，因為我們設立了目標並制訂出有架構的步驟和方法以達成目標。規劃策略需要自律跟努力，才能做出重大的決策並採取行動，以此塑造和引導我們的機構，朝著大家同意的目標前進。

- 制訂策略就是要有條不紊地思考整件事，並想出有創意的解決方法，達成商業目標。

- 策略是公司企圖獲得成功的過程中最重要的事，因此是最高階的管理人員的責任。

- 策略必須是能夠實行的。我們要計劃並採取行動來實現這些策略。策略也必須是能夠測量的，這樣我們才能知道這個策略是否有效。

- 策略還必須是有前瞻性的。策略的重點不是過去採取了什麼行動，而是要如何形塑未來。但是，策略同時也必須回應當下，反

映公司目前面臨的商業環境。

◆　策略是有系統的、也是實際而兼容並蓄的。有創意而獨特的策略
會更有力量。

◆　策略會受限於公司有限的資源，但要將這些可用的資源以最佳方
式運用。策略要能利用公司的強項，但也要能輔佐弱點。

懂了吧！現在，讓我們實際運用策略思維、策略規劃以及策略管
理，為蘋果籽畫出通往幸福未來的路線圖吧！最後，我們要回答非常重
要的問題：「我們做的是對的嗎？這樣做能夠幫我們達到目標嗎？」請看
下一頁的計畫金字塔。

「計畫會受挫是因為沒有目標。人不知道自己要航向哪個港口
時，沒有任何一種風向會是對的風向。」

辛尼卡二世（Seneca the Younger）
羅馬哲學家、劇作家、尼祿國王的家庭教師與顧問

策略規劃層級

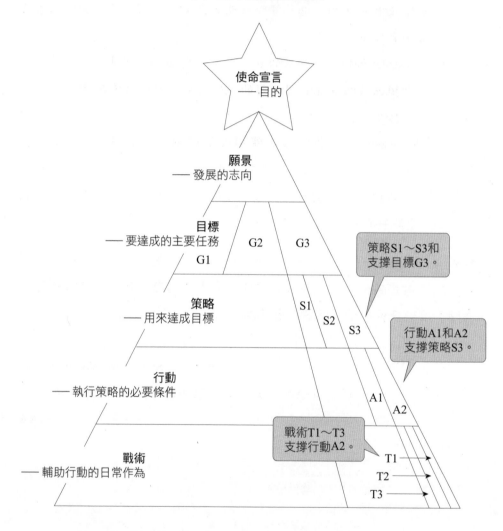

- ◆ 把**使命**、**願景**和**目標**想成是**不同層級的目標**。
- ◆ 把**策略**、**行動**及**戰術**想成是**達成目標的方式**，只是層級不同。
- ◆ 計畫金字塔裡分別有目標、策略、行動及戰術，這些全都要經過設計和整合以達成公司的使命及願景。

策略規劃用語

◆ **使命**：使命的英文字「mission」來自拉丁文「missio」，意思是把一群人「送出去」到國外，同時也把這群人擔負的商業目標推擴到國外。

一間公司的使命（或使命宣言）說明了這個組織最根本的目標：我們為何存在。

◆ **願景**：願景的英文「vision」來自古英語「witan」，意思是「知道」，也就是擁有預料某事會不會發生的能力。

一間公司的願景要說明企業發展的志向：我們想成為怎樣的公司。

◆ **目標**：目標的英文「goal」來自中古英語「gal」，意思是邊界、限制、賽道的終點。

一間公司的目標就是那三四個公司設定給自己的目標，也就是主要想達成的成果。

◆ **策略**：策略的英文「strategy」來自古希臘文「strategia」，意思是總局、指揮官、將官的身分，或是領導、指揮。

公司的策略指的是層級相當高的長期計畫，用來達成某些特定目標。公司的每個目標都需要幾個不同的策略來實現。

◆ **行動**：行動的英文「action」來自拉丁文「acto」，意思是「做」。要執行一項策略，需要採取多種行動並且彼此調合才行。

◆ **戰術**：戰術的英文「tactic」來自希臘字「taktikós」，意思是適合安排事物或發號施令。

戰術是公司的人每天要做的工作，以完成某項行動並輔助策略。

現在讓我們將這些策略規劃的用語和定義實際用在蘋果籽公司上吧。之後，我們就可以將策略規劃上呈給董事會，由他們給予評論之後簽署通過我們對於未來的計畫。

在跟員工開了幾次會議、做了一些市場調查和腦力激盪一番之後，我們得出的成果如下：

使命宣言　蘋果籽公司的使命，是要成為地區性的高階特色食品供應商龍頭，並為投資人提供非凡的投資報酬率。

願景　蘋果籽公司的願景是要讓自家美味又健康的食品受到廣泛認可，並以對環境友善的方式生產和行銷所有產品。

目標 1　維持公司在本地一流蘋果醬供應商的地位。

目標 2　研發其他食品，並成為該食品在本地的一流供應商。

這兩項目標各自需要不同的策略才能實現，每個策略都需要制訂可以實行的行動計畫，而行動則需要戰術才能落實。在計畫金字塔的每一個層級，我們都需要指派責任、分配資源，並在推行的過程中評量成效。

◆◆◆───────────────────────────────

有很多簡單實用的技巧可以協助管理階層瞭解自己身處的商業環境，並以策略性思維思考。可以嘗試的分析法包括 SWOT（優勢、劣勢、機會與威脅）、PEST（政治、經濟、社會和科技）或是 STEER（社會文化、科技、經濟、生態和法規）等。但也別過度依賴這些分析法了。

───────────────────────────────◆◆◆

策略規劃的核心是要預測未來，但預測未來本身就是件風險很高的事，充滿了不確定性。在下一章，我們會討論商業風險和不確定性。

第十七章　風險和不確定性

蘋果籽公司計劃要大舉擴展生意。我們即將要做出一項重大的投資決策，希望能有不錯的報酬率。但事情總有可能會出差錯，因此最理想的狀況是報酬率高，而風險在可管控和理解的範圍內。

風險

什麼是風險？我們是否能理解風險並採取行動以降低風險？簡單來說，風險的定義是會帶來「負面的意外消息」的商業事件；也是一旦發生，我們會懊悔不已的事情。以財務的角度來說的話，風險指的是投資的實際報酬低於預期報酬的可能性。

現在，進行商業風險管理的兩個必要因素已經齊備了。我們要如何降低風險對財務造成的負面效應，並且（或）減少風險發生的可能性呢？

風險有內部（在公司裡面發生的）和外部（從公司外面來的）兩種，因為品管出了問題而需要報廢一大批產品屬於內部風險，而且可能導致非常大筆的損失；對手公司出乎意料之外地推出了競爭性的產品，導致我們的銷售額下滑則是外部風險。

若我們將風險定義為帶來商業損失的可能性，一個商業計畫會被視為是高風險計畫的原因有：（1）有很高的可能性會帶來嚴重程度不一的損失；（2）可能性雖然不高，但一旦發生損失將非常大。幾乎每一種商業活動都會帶有一定程度的風險。高風險的行動需要更謹慎的管理，因為這類行動很有可能對企業造成嚴重的負面效果。

不確定性

不確定性和風險不同。不確定性是指不知道未來會如何；但高風險也有可能潛藏在不確定性的表象之下。因此，降低不確定性也可以降低

風險。

不確定性有時比風險還要危險。我們通常會知道風險因子有哪些，因此可以制訂計畫並採取必要的手段，減輕風險可能帶來的負面效果。然而，我們卻常常無法察覺不確定性的存在。我們很難降低不確定性，這是因為連不確定的東西是什麼都不知道時，當然也很難知道如何做才能降低不確定性。

◆◆◆────────────────────────────

　　「我們的作為帶來的後果既複雜又變化萬端，因此要預測商業未來的走向，確實極為困難。」

J.K. 羅琳（J.K. Rowling）

英國奇幻文學《哈利波特》作者

　　「預測未來的最佳方式，就是創造未來。」

艾倫・凱（Alan Kay）

美國電腦科學家，因為引領物件導向程式設計的發展，

和設計出圖形使用者介面而聞名。

　　「做出預測很困難，而預測未來尤其困難。」

據傳為美國棒球選手尤吉・貝里（Yogi Berra）所說，

然而最早實為丹麥籍諾貝爾獎得主

尼爾斯・波耳（Niels Bohr）的名言

────────────────────────────◆◆◆

威脅

　　威脅是指發生的可能性不高，但會有嚴重負面影響的事件。一般民眾會買保險，好在遇到家中發生火災等威脅時，能夠給自己一些保障。企業當然也可以買火險，但如果大客戶生意失敗而導致帳款收不回時，則沒有保險能夠加以保障。

　　注意，金融業已發展出一些專門的保險工具，像是信用違約交換（credit default swaps）合約等，目的是要在發生機會低，但會對財務造成的負面影響極大的事件發生時（例如債權人無法收回款項），提供一些保障。但我們現在已經知道，即便有這類的保險情況還是沒有比較好。

以公司為賭注的風險

　　盡量要避免「以公司為賭注」的風險，這種風險可能帶來的不良後果實在太過巨大。「以公司為賭注」的例子像是將所有可用的資源全部用來開發一個高風險的新產品，一旦研發不順利，或是銷售量不如預期，公司就很有可能因此倒閉。

　　然而，新創的公司在草創和成長時期，通常都需要面對這種以公司為賭注的風險。對於這類剛起步的公司來說，了解並管理風險和不確定性尤其重要。新創公司一定要專注、創新、反應快速，而且還要非常幸運，才有辦法存活下來。但通常，新創公司都沒有這些特質。

　　在幫蘋果籽制訂擴張的計畫時，我們體認到，未來充滿不確定性，而且對於財務狀況的預測……就是預測而已。我們根據許多假設並在考量自身的執行能力之後，評估未來可能會發生的事，但假設很有可能不正確，而未來的表現也很有可能不照計畫發展。

第十八章　為蘋果籽公司的未來做決定

蘋果籽公司的董事會認為我們可以成功擴大規模，而且現在是個不錯的時機。董事會於是要求管理部門（就是我們）準備幾種不同的擴大計畫，供董事會審查。

一位非常精明的董事提醒我們，要記得有策略性的思考。她建議我們幫公司寫一份策略計畫書，並且尋求專業法律人士的協助，幫我們看看法律上對於資本的要求和來源有哪些。不過首先，我們需要先做幾個決定。

我們希望 5 年或 10 年後的公司變得如何？又要怎麼在現有基礎上達到目標？我們願意承擔什麼程度的風險？我們需要多少錢才能擴大？又要從何獲得資金？我們的計畫是什麼？

讓我們一起構思，好好腦力激盪吧！新增一個可以和原有產品相輔相承的產品線，很有可能就是我們需要的。貨車固定要將蘋果籽美味的蘋果醬運到鎮上，送到超市和專門的食品店裡，讓貨車多載一些產品不成問題，又有經濟效益。好吃的洋芋片或許會是個提升銷售量的好方法。買下鎮上另一頭的洋芋片反斗城公司是選擇之一，我們可以買下這間經營不善的低階洋芋片公司後，再重新建立品牌；或者，我們也可以自己從零打造新的工廠。

做決定，做決定！現在我們關心的問題是：要如何擴大公司規模。底下提供幾個實用的分析方法，有助於分析蘋果籽公司擴大營業的機會。

決策樹分析

在做商業決策時，畫出「決策樹」能夠幫助我們用更有架構的方式詳細思考。決策樹是一種很好懂的圖形，由一連串的分枝（我們稱為節點）依序構成，將決策的路徑以視覺化的方式傳達。畫出決策樹是一種很好用的方法，能夠將不同的決策方案都呈現出來，接著只要順著決策樹做出決定就好！

蘋果籽公司的擴大營業決策樹

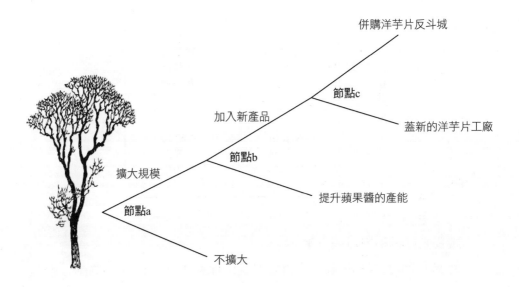

　　從左下方的決策樹起點開始，然後順著每個節點一直下去。首先，蘋果籽公司該不該擴大營業（節點 a）？第二，如果要擴大，我們是否應該在蘋果醬之外另開產品線（節點 b）？最後，如果我們要開始生產洋芋片的話，我們要收購現有的公司還是蓋新的工廠呢（節點 c）？

　　決策樹上的每一個分枝都有其優點、風險、成本、支出和收益。這種決策樹架構可以讓我們有系統地檢視每個決策階段中，不同方案的優缺點為何。

策略可行方案

　　另一種可以協助蘋果籽公司決定是否要擴大的分析方法，是畫出一個像下表一樣的策略可行方案表。蘋果籽擴大營業的方式可以是推出新產品，或是開拓新市場，也可以兩者兼行。這些選擇會帶來 4 種不同的策略方案：

新增產品線？

	否	是
否	**方案 I.** 同產品 同市場	**方案 II.** 新產品 同市場
是	**方案 III.** 同產品 新市場	**方案 IV.** 新產品 新市場

拓展市場？

讓我們仔細檢視每個方案。

方案 I. 同產品同市場：這個方案就是保持現狀。要成長的話，就是賣更多的蘋果醬到現有的市場。由於我們想要快速擴大，因此這個選項不適合我們。

方案 II. 新產品同市場：擴大蘋果籽公司的產品線，加入洋芋片，並且透過我們現在合作的零售通路販賣。這個策略很吸引人，而且風險很低。我們是食品生產的專家，而且也了解現有客戶的需求。此外，這些客戶喜歡我們，也很樂意購買我們品牌底下的新產品。

方案 III. 同產品新市場：將產品賣到新市場可能會需要很多成本，才能建立新的銷售管道。此外，市場滲透也是件費時的事。開拓新市場的風險可能不小，因為我們缺乏和這些顧客打交道的經驗。

方案 IV. 新產品新市場：同時開發新產品和打入新市場可能是我們４種策略方案裡，風險最高的一個，因為同時有產品開發以及銷售風險這

兩種不確定性。

總體看來，**方案 II** 似乎是對蘋果籽公司而言最合理的方案。那就來生產洋芋片吧！

自製或外購決策

現在，在決定要開拓新產品線之後，我們就要面對典型的「自製或外購」決策了。請見決策樹上的節點 c。我們應該要從零開始建立自己的洋芋片工廠，還是應該要併購一間現有的公司？我們聽說鎮上另一頭，有一間低階的洋芋片公司洋芋片反斗城，因為經營不善可能要低價求售。

併購方案：如果我們要買下現有公司的話，還需要將他們的機器設備整個換掉，才能生產我們要的高階產品，但成本還是會低於從零開始。洋芋片反斗城的產能就長期來看不符我們的期待，但先用個幾年倒也足夠，可以之後再擴大。

「處女地」方案：蘋果籽公司也可以從頭開始，用新機器設備打造自己的新工廠（在一個未經開發的空地上）。這麼做比起買下洋芋片反斗城，可能會需要更多時間才能開始運作。但新工廠會很完美。

我們要怎麼決定是要從頭蓋新工廠，還是要併購公司呢？

好吧，讓我們來製作一份預估現金流量表吧。這樣，我們就能比較現在在考慮的方案分別能帶來多少財務報酬。我們要考慮這兩種投資所需要的現金投資總額和時機，以及最終能有多少報酬。

「你只能選擇往前走不斷成長，或是退縮尋求安全感。」

馬斯洛（Abraham Maslow）

美國心理學家，以其「需求層次」理論而聞名

　　在 E 部分，我們會帶大家看幾種不同的量化工具，用這些工具幫我們以及董事會比較收購現有工廠和蓋新工廠這兩種方案，看哪種對於蘋果籽生產洋芋片而言更為適合。但無論選擇哪種方案，蘋果籽公司都會需要更多的資金才能進行。因此，在下一章，我們要來看一下資金的來源和成本有哪些。

第十九章　資金來源與成本

　　我們已經決定要擴大營業，但是蘋果籽公司現在沒有足夠的資金，無法併購或是擴建自己的工廠。雖然如此，我們倒是有非常穩健的資產負債表，而且負債股本比率也只有 0.5 而已，就是說負債的總額只有總資產的一半（請見 258 頁對於負債率的說明）。

　　根據我們對現金流量的初步分析，如果蘋果籽要買新的不動產、廠房及設備的話，需要 200 萬，而且還要再加上擴大營業所需的營運資金。我們會在第二十二章時，討論我們是如何算出這些預測值的。

　　我們和當地銀行的合作關係相當良好，所以可以增加借款。此外，我們的創投基金投資人也表明願意再多買一些蘋果籽的股票，當然，前提是價格好的話。

讓蘋果籽公司揹更多債？

　　銀行只有在幾乎能夠肯定我們會清償借款的狀況下，才會放貸。而公司的權益資本（股本）對銀行而言，就像是保障安全的緩衝墊。通常要等到持股人已經再也沒有東西可以失去了之後，才會輪到銀行開始有所損失。一般而言，貸款是最不費力的融資形式，但前提是要拿得到。

　　那麼，借貸這種融資方式對蘋果籽而言的成本是什麼呢？銀行會依據兩個要素來設定貸款利率。在美國政府現行公債的「無風險」借貸報酬率之上，銀行會再加上一筆「風險貼水」，而貼水是多少則會依照銀行判斷這間公司的風險有多高來決定。舉例來說，如果政府公債的殖利率是 4%，而我們親切的銀行專員覺得我們是中度風險的公司，合理的風險貼水為額外加上 4%，如此一來，我們貸款的總利率就會是 8%。

發行更多蘋果籽的股票？

在 232 頁時，我們提出了一個問題：「蘋果籽公司值多少錢？」那時候的答案對蘋果籽來說，只有學術上的重要性而已。但現在情況不同了，估價變得很重要。我們想要發行更多股票，幫蘋果籽的擴張計畫籌集資金。但要發行多少股票，而且每股多少錢呢？募集到的錢會記錄在蘋果籽的資產負債表上，接著新的股票會真的發行出去。

我們和親切的創投投資人會面之後，她說：「我們很滿意你先前的表現，同時也支持你們的擴大計畫。我們已經準備好要買更多股票，在增資前估價為 250 萬美元的情況下，加碼投資 80 萬美元（也就是說增資後估價為 330 萬美元）。」

她說什麼？增資前？增資後？我們在跟她道過謝之後表示會再跟她聯絡，接著就是要趕快回去翻一下企業融資的教科書，搞懂我們這位親切的創投投資人到底在說什麼。

增資前估價

後來發現其實很簡單。蘋果籽公司目前已發行的股票有 20 萬股（請見 123 頁的事項 1）。我們自己擁有 5 萬份的發起人股份，當初是以每股 1 美元的低廉價格取得。而我們的創投投資人則擁有 15 萬份股票，以每股 10 美元購得。

目前對於公司比較保守的估價（以每股盈餘的 12 倍估算）約為 300 萬美元左右，或可以說是每股 15 美元（300 萬美元的估價除以 20 萬流通的股份）。這筆 300 萬元的總值和每股 15 元的價格，就是剛剛投資人所說的公司「增資前」估價，意即在**公司發行額外股票之前的估價總額**。

增資後估價

我們希望能再籌到 80 萬美元的權益資本。在我們籌到這筆錢，並且把錢存到公司的保險箱之後（包括存入銀行帳戶跟認列在資產負債表上），公司所謂的「增資後」估價就會是：

$3,000,000	公司增資前估價
＋ 800,00	新投資
$3,800,000	增資後估價

無論是增資前還是增資後的估價總額，其實都明瞭易懂。公司的增資後估價，就只是**把增資前的價值加上新籌到的資金總額**而已。

現在，我們真的要來和親切的創投投資人進行談判了，她在投資了 80 萬元到蘋果籽的股票之後，能夠新獲得多少股份的股票呢？還有最重要的是，在這次融資過後，我們還擁有多少比例的公司所有權呢？

所有權稀釋

要記得：親切的新創投資人女士願意在增資前估價為 250 萬的情況下，再投入 80 萬美元到公司的股票。我們認為她的估價偏低了，因此改向她提議以增資前估價 350 萬元的價格發行新股。現在我們需要計算一下，總共要發行多少新股才能讓這筆交易結案。同時我們也會知道，這筆交易將會使我們的所有權被「稀釋」到多少百分比。所有權稀釋的意思是，在發行新股之後我們擁有的股份占公司總股份的百分比會減少到多少。

目前蘋果籽發行的總股數為 20 萬股，我們自己擁有 5 萬股，而創投投資人則擁有 15 萬股。因此，我們擁有公司 25% 的所有權，而投資人

有 75%。在公司發行新股給投資人之後，我們還是擁有原先的 5 萬份股票，但投資人會擁有原先的 15 萬份股票，再加上公司需要新發行的所有股份，以便吸引這些創投投資人再投入 80 萬美元的資金。

我們現在正在跟創投投資人討論的內容，是在計算公司發行的新股價格時，應該要用多少的增資前估價來計算比較好。請看底下的表格，了解公司的增資前估價和我們提出的每股價格，會如何影響我們與投資人的所有權比例（請注意，增資前的股票價格和增資後的價格會是一樣的，我們就是這樣計算的）。

在來來回回地討論了許久之後，我們決定各退一步，同意以增資前估價 300 萬美元的價格，發行每股 15 元的新股。請看下表中的方案 B。

總結一下，蘋果籽公司的計畫是要新募集到 80 萬美元的權益資本，因此會新發行 53,333 份的普通股，並將這些股票以每股 15 元的價格賣給親切的創投投資人。

在不同增資前估價下的股票所有權和所有權稀釋狀況

	交易前	方案 A	方案 B	方案 C	方案 D
原本股數	200,000	200,000	200,000	200,000	200,000
增資前估價		$2,500,000	$3,000,000	$3,500,000	$4,000,000
每股價格（增資前及增資後）		$12.50	$15.00	$17.50	$20.00
欲籌措的權益		$800,000	$800,000	$800,000	$800,000
需發行的新股數		64,000	53,333	45,714	40,000
＋我們擁有的股數（原本）	50,000	50,000	50,000	50,000	50,000
＋投資人擁有的股數（原本）	150,000	150,000	150,000	150,000	150,000
＋ 新的投資人股數		64,000	53,333	45,714	40,000
＝ 總股數		264,000	253,333	245,714	240,000
我們擁有的所有權（％）	25.0%	18.9%	19.7%	20.3%	20.8%

此外，我們親切的銀行專員也已經同意要以 8% 的年利率放貸 80 萬美元給我們。有了這筆額外的 160 萬元資金，說不定足夠支應我們的擴張計畫。

在接下來的**事項** 32 裡，我們要發行新股並針對信貸額度進行協商。

權益資本的成本

我們都知道蘋果籽公司新貸款的成本是年利率 8% 的利息。但發行新股票的成本又是什麼？普通股雖然沒有附帶明確的「利息」，但是投資人可是很期待他們的投資能有好的報酬率。

在我們確定這筆發行新股的交易之前，我們問了一下創投投資人期待有多少的報酬率。她說如果能收到跟原本那筆投資一樣的報酬率的話，她就會很滿意了。投資人原先支付的是每股 10 美元，而我們自己的估計是在 2 年之內，每股價格漲到大約 15 美元左右。因此，從股票價格的增加可知，我們的年報酬率約為 22.5%。

22.5% 的年報酬率可是遠高於銀行貸款要求的 8% 利息，但畢竟股票投資人承擔的風險高上許多。另外請注意，要是我們沒能籌到夠多的新股，好讓負債權益比率保持在低點，並且降低我們違約而銀行會有資金損失風險的話，銀行是不會放貸給我們的。

加權平均資金成本

大部分的公司都有好幾種不同的資金類型和來源。蘋果籽的資本結構裡分別有權益資本和貸款兩種，這兩種資金各有其成本。當我們在決定要如何進行資本投資時，在考慮公司的所有資金來源後，計算「加權平均資金成本」將會大有助益。

請看下一頁的資本結構表。在融資之後，蘋果籽的資金裡有 60% 來

自權益資本，其估計的資金成本是 22.5%。此外，還有 40% 的蘋果籽資金來自借貸，當中有一半的年利率是 10%（127 頁事項 3 中的貸款利率），而另一半是新取得的信貸額度，年利率為 8%。要注意的是，利息可認列為商業費用並用以減稅，因此貸款資金的實際成本，可以再減掉 34% 的節稅款（10% 的利率降為 6.6%；8% 降為 5.3%）。

蘋果籽公司的加權平均資金成本（WACC）是將每一種資金來源的成本，依據其在公司資本結構中的比例進行「加權」之後，計算得出的結果，因此：

$$60\% \times 22.5\% = 13.5\% \text{ 股票成本}$$

$$21\% \times 6.6\% = 1.3\% \text{ 貸款成本}$$

$$19\% \times 5.3\% = 1.0\% \text{ 信貸額度本}$$

$$\underline{\hspace{6cm}}$$

$$100\% \qquad 15.8\% \text{ WACC}$$

在下一部分，我們將會逐漸了解 15.8% 的報酬率會是我們這次擴大投資的最低目標。稍後有更多說明。

蘋果籽公司融資前後的資本結構

	至事項 31 止的資金（225 頁）	提議之新融資	新融資後之總額	占資本總額之 %
＋ 股東權益	$1,726,883	$800,000	$2,526,883	60%
＋ 未清償之房屋貸款	$900,000		$900,000	21%
＋ 新的信貸額度欲籌措的權益		$800,000	$800,000	19%
＝ 資本總額	$2,626,883	$1,600,000	$4,226,883	100%
負債權益比率	0.5		0.7	

損益表

從事項 1 至事項 32 的期間		上筆事項	＋	本次事項	＝	總額
1	銷貨淨額	$3,055,560	—			$3,055,560
2	銷貨成本	2,005,830	—			2,005,830
1－2＝3	毛利	1,049,730				1,049,730
4	推銷費用	328,523	—			328,523
5	研發費用	26,000	—			26,000
6	管理費用	203,520	—			203,520
4＋5＋6＝7	營業費用	55,8043				55,8043
3－7＝8	營業利益	491,687				491,687
9	利息收入	(100,000)	—			(100,000)
10	所得稅	139,804				139,804
8＋9－10＝11	本期淨利	$251,883		0		$251,883

IS 交易總額

現金流量表

從事項 1 至事項 32 的期間		上筆事項	＋	本次事項	＝	總額
a	期初現金	$0				$0
b	收現	2,584,900	—			2,584,900
c	付現	2,796,438	—			2,796,438
b－c＝d	營業活動之現金	(211,538)				(211,538)
e	取得固定資產	1,750,000	—			1,750,000
f	借款淨增加（或減少）	900,000	**2B** 100,000			1,000,000
g	支付之所得稅	0	—			0
h	發行股票	1,550,000	**1B** 800,000			2,350,000
a＋d－e＋f－g＋h＝i	期末現金餘額	$488,462		900,000		$1,388,462

CF 交易總額

資產負債表

至事項 32 止		上筆事項	＋	本次事項	＝	總額
A	現金	$488,462	**3** 900,000			$1,388,462
B	應收帳款	454,760	—			454,760
C	存貨	414,770	—			414,770
D	預付費用	0	—			0
A＋B＋C＋D＝E	流動資產	1,375,992				2,257,992
F	其他資產	0				0
G	固定資產原始成本	1,750,000				1,750,000
H	累計折舊	78,573	—			78,573
G－H＝I	固定資產淨值	1,671,427				1,671,427
E＋F＋I＝J	總資產	$3,029,419		900,000		$3,929,419

資產總額

		上筆事項	＋	本次事項	＝	總額
K	應付帳款	$236,297	—			236,297
L	應計費用	26,435	—			26,435
M	一年內到期之負債	100,000	**2A** 100,000			200,000
N	應付所得稅	139,804	—			139,804
K＋L＋M＋N＝O	流動負債	502,536				602,536
P	長期債務	800,000				800,000
Q	股本	1,550,000	**1A** 800,000			2,350,000
R	保留盈餘	176,886	—			176,883
Q＋R＝S	股東權益	1,726,883				2,526,883
O＋P＋S＝T	總負債與權益	$3,029,419		900,000		$3,929,419

負債與權益總額

事項 32　**為擴張融資！賣出 53,333 份蘋果籽的普通股（面額 1 美元），**
每股價格為 15 美元，並另外動用 10 萬美元的信貸額度。

這筆事項中的股票發行與**事項 1** 類似，我們用一部分的公司所有權，為公司換來資金。

在事項 1 時，每股的價格只有 10 美元，因此要籌到 10 萬美元的話，我們就需要賣出 1 萬股，占了公司所有權的 5%。不過由於現在的股價較高，來到每股 15 美元，我們只需要賣出 6,666 張股票（2.6% 的公司所有權），就能籌措到 10 萬美元。擁有了這些新股票之後，為了要更有彈性地借款，我們跟當地的銀行談成了一筆信貸額度。

信貸額度是一種比較有彈性的短期商業貸款，在這樣的信貸中，銀行同意蘋果籽可以借用（動用）事先同意的最高貸款額度，但只有在蘋果籽需要資金時才能動用。沒有動用到的額度不會收取利息，而且不用每次要動用借款時都要重新申請一次，可以直接動用。

事項：我們友善的創投投資人高興地同意了要資助我們，讓我們可以開發生產美味的洋芋片。她以每股 15 美元的價格，購買了 53,333 股的普通股，總計 799,995 美元，同時還多給了一張 5 元的鈔票，好讓我們記帳容易一些。

親切的銀行專員對於我們能夠再賣出這麼多股票感到佩服，於是答應給我們和新籌到的 80 萬元股本等額的信貸額度。信貸的利率是每月 0.666%（全年 8%），並且只針對動用的額度。我們支用了 10 萬元的額度，完成這筆交易。

1　（1A）發行新股票為公司帶來新的負債。蘋果籽公司「欠了」這些新的股東一部分的公司資產，所以要在資產負債表的**股本**項目裡加上 80 萬美元。（1B）在現金流量表上，將這筆發行新

股票而得的 80 萬美元記錄到**發行股票**項目裡。

2 （2A）我們與銀行談成的信貸額度有 80 萬美元，但目前為止只動用了 10 萬美元。所以要將這筆 10 萬美元記錄到資產負債表上的**一年內到期之負債**項目裡。（2B）將這筆金額加到現金流量表的**借款淨增加或減少**項目裡。

3 發行新股加上借款而得的資金總計 90 萬美元，需要記錄在資產負債表的**現金**項目裡。

做出良好的資本投資決策

關於本部分

資本投資的相關決策可說是管理階層所做的決策中最重要的一種。大多數的時候，資本都是公司最稀缺的資源，而好好運用資金則是成功的關鍵。資本投資就像是長期的賭注，要打造更好的未來。在所有的商業活動中，資本投資是最能為一間公司定位，並決定其最終價值的行為。

由於公司的資金資源有限，管理人員必須謹慎地決定何種投資方案是真正經濟上可行的，並應該要選出最能提升公司價值的投資方案。而這一連串的評估、比較和選擇方案的過程，就稱為「資本預算決策」。

◆◆◆————————————————————————————

預算一詞的英文 budget，來自法語的 bougette 或是 purse，指的是一張寫了計劃支出與收入的清單，也可以說是對儲蓄和花費的規劃。

————————————————————————————◆◆◆

資本預算決策是一種系統化的方法，能夠了解一間公司所規劃的重大資本投資方案是否值得進行。資本預算決策要關注的，是資本的支出是否合理。資本預算決策分析可以幫我們在選擇不同投資方案時，提供選擇的依據，因為這項分析要回答的問題就是「目前的提案中，哪一個長期下來最能提升公司的價值？」

在這一部分裡，我們會介紹幾種量化工具，是在做出良好資本投資的決策時不可或缺的工具。接著，在最後的**第二十二章**裡，我們要將所有新學到的知識，運用在評估蘋果籽公司自己的擴張計畫和資本預算上。

　　通常，長期計畫在初期時都會一直花錢（意即負的現金流量），要到後期才能收割成功的果實（意即正的現金流量）。不同的投資方案所帶來的現金流量總額和時間點都將非常不同。要比較不同方案的價值的話，我們就需要使用會將「貨幣的時間價值」納入考量的量化工具。

　　分析的第一步，是要估算這個方案能為公司帶來的現金總數和時間點。之後，這些未來的現金流量會經過「折現」，以估算其**現值（PV）**。接著加總所有的現值（投資和報酬的金額都要），就會得到這個投資方案的**淨現值（NPV）**。淨現值是我們估算公司在執行了這個專案之後，能夠增加多少價值的預估值。一般來說，我們會選擇推行淨現值最高的方案。

　　在計算淨現值的過程中會使用**折現率**。折現率和利率有點像，只不過是反過來的。在進行資本預算決策時，常用的折現率就是公司的**加權平均資金成本（WACC）**，這項數值會將公司的資金組合納入考量。如果方案本身帶來的風險會高於公司原有風險的話，還會將這項比率額外提高一些。折現率有時又被稱為「要求報酬率」，也就是公司的最低預期報酬率。

◆◆◆ ─────────────────────────────────

注意！

在評估商業決策時，有個量化的基礎會比較客觀。但是，即便是這些嚴謹的方法論，在假設和預測結果上也有可能會有潛藏的缺陷，因而使得分析不那麼準確。此外，產出的數字也許看起來很精準，但並不一定真的有實質意義。別忘了人們常說的「垃圾進，垃圾出」（編註：指原始資料若是錯誤的，結果也將是不正確的）。

───────────────────────────── ◆◆◆

　　我們最好只把這些量化的專案評估工具，看做是眾多實用的輔助工具當中的一種。在決定資本預算時，除了使用如淨現值等量化工具，也應該搭配謹慎地選擇策略、使用管理者的直覺，以及研究過往的歷史案例等作法。

　　單純「盯著」一連串的數字看，能夠提供的指引大概就和過度精算的效果差不多，尤其是當許多必要的變數其實都沒有辦法精準預測時更是如此。有些業界人士甚至可能會說，過度精細的量化分析工具，其重要性反不如良好的管理判斷能力和謹慎的策略。

　　量化和質性的工具併用，是我們在為公司的未來做出決策時最重要的事。但無論預估的「數字」看起來再怎麼漂亮，穩固的策略都是絕對不可或缺的要素。一個資本投資案估算出來的淨現值就算再怎麼高，如果公司的基本策略有缺陷的話，這個投資案也將難以達成其目標。

第二十章　貨幣的時間價值

在做資本預算的決策時，通常都需要分析好幾年的公司現金流量。在進行這些分析時，考量貨幣的時間價值是絕對必要的。

「一鳥在手（今天）勝過百鳥在林（明天）」，好了，現在你已經知道了有關貨幣的時間價值這個概念中，大部分你需要知道的事情了。這其實很直覺。

每個人都寧願在今天就把一塊錢給拿到手，而不要在很久以後的未來才拿到這一塊錢。金融界的人會說，今天的一塊錢比明天拿到的一塊錢更值錢（價值更高）。接下來在這一章，我們要回答的是「為什麼？」以及「高多少？」這兩個問題。

貨幣的價值之所以會有這樣的差異主要有三個原因：

1. **通貨膨脹**：通貨膨脹長期下來會降低購買能力（價值）。以每年 5% 的通貨膨脹率來說，一年後收到的一塊錢，只能買到現在價值 95 分錢的商品。

2. **風險**：「未來可以拿到一塊錢」這樣的承諾有可能會無法實現，而且通常我們的運氣都沒那麼好。如果給你承諾的是一間受到美國聯邦存款保險（FDIC）保障的銀行，且有確定給付制（DC）的話，風險就會比較低；但若是你的姐夫答應會把個人貸款還給你的話，風險就會比較高了。

3. **機會成本**：如果你把自己的一塊錢借給別人，就失去了自己使用這一塊錢的機會。這個機會對於今天的你來說是有價值的，因此會讓今天的一塊錢比明天的更有價值。

這三個概念是我們在進行資本預算決策時計算現值（PV）和未來值（FV）的主要原因。

現值（PV） 在商業當中，計算現值可以讓我們比較未來不同時期的現金流量（花出去的以及收到的現金）。將現金流量轉換成現值，可以將不同的投資和報酬率放在相同的比較基礎上，並使資本預算的分析能夠更有意義，也更有助於決策。

計算現值和終值需要用到的數學運算，比我們在資產負債表、損益表和現金流量表中使用的加減難上一些。不過即使你只學到概念而不知道完整的計算方式，還是能夠了解 95% 的內容。

在討論資本預算和貨幣的時間價值時，會使用一些特殊的術語。跟我們，在學 3 大主要財報時一樣，有一些新詞要學（也有可能是已經知道的詞，但有特殊的意思）。這個旅程雖短但有必要，而且也沒那麼複雜。會越來越清楚的，相信我。

價值、比率和時間

價值以貨幣來計算，本書使用的是美元，其他地方可能會用不同的貨幣。我們需要注意的價值有現值、未來值（future value）、折現值、終值（terminal value）、淨現值等等。

但要注意，在計算不同時間的財務時，貨幣的價值可以從兩種不同觀點來觀察：「名目」價值跟「實質」價值。

名目價值就是你從皮包拿出來實際花掉的鈔票；**實質價值**則是經過通膨調整後的價值。

為什麼要算這兩種價值？這是因為當你把通膨的影響拿掉之後（也就是把「名目價值」轉換成「實質價值」），才能夠比較價格的差異，也比較能夠加以解釋。詳細說明請見 353 頁的**附錄 A**。

比率會以百分比來呈現，並且要指明期間（例如每年 5%）。期間可以是一個月、一天或是連續性的時間。需要注意的比率有通膨率、利率、折現率以及要求報酬率。比較專門的比率則有內部報酬率、風險貼水和投資報酬率。後面會有詳細說明。

資本預算決策

在做資本預算決策時，不同的投資方案需要不同的投資額，長期下來的報酬也會不同。為了要讓相似方案的財務能有公平的比較基準，我們需要將這些方案的現金流量轉換成一種共通且可比較的形式，而這個共通的形式就是現值。

簡單來說，如果今天投資一點點的錢，能在不久的將來回收一大筆錢的話，就是一個非常好的財務投資。如果是今天投資了很多錢，但要很久之後才只能回收一點的話，就是個非常糟的投資。

資本預算分析就是這麼簡單，其他那些複雜的淨現值（NPV）和內部報酬率（IRR）的計算，都不過是細節而已。然而，細節也是很重要的，所以讓我們繼續看下去吧。

等式？！隔壁頁的公式（還有後面幾頁的）其實真的沒有那麼嚇人。但如果你真的無法理解的話，只要讀文字並試著瞭解概念就好。

現值（**PV**）和未來值（**FV**）

◆ 最常用到「貨幣的時間價值」這種模型的，就是**複利**。複利就是
計算在特定的利率下，你現有的錢在未來的價值是多少的過程。
使用這個方程式可以算出如果你現在存了一筆錢 PV（現值），並
且收到每年 i 利率的利息，經過 y 年後，你的存款帳戶中能夠有
多少錢 FV（未來值）。

$$FV = PV\,(1 + i)^y$$

因此，如果你存入的金額（PV）是 100.00 美元，利率 i 是每年
4%，把錢放在銀行的年數 y 等於 7 的話，你就可以在 7 年後領
到 131.59 美元（FV）。

$$FV = \$100.00 \times (1 + 0.04)^7 = \$131.59$$

> **注意**：在上方的等式中，利率寫為 0.04（4% ＝ 4/100 ＝ 0.04）。此
> 外，$(1+0.04)^7$ 這個算式裡有一個指數 7，意思是這個算式要自己乘自
> 己 7 次，也就是：$(1+0.04)\times(1+0.04)\times(1+0.04)\times(1+0.04)\times(1+0.04)\times(1+0.04)\times(1+0.04) ＝ 1.3159$。

◆ 現在，如果你想要計算的是在經過 **y 年**後，你可以收到的某個
未來值（FV）的現值（PV）是多少，並使用**每年 d** 的折現率的
話，上面的等式就需要移動如下：

$$PV = \frac{FV}{(1 + d)^y}$$

◆ 注意，**折現**是計算未來收到的錢換算成現值是多少的過程。將投
資方案未來的現金流量（未來值）折現成現值，對於評估不同資
本投資方案的財務而言相當重要。之後會有更多說明。

利息和利率

◆ 把**利息**想成是你借了而且用了別人的錢之後，你必須要付的「租金」。

◆ 我們可以把**利率**想成每小時幾英里這種速度單位。利率跟速度單位都是一種特定單位時間內的比率，只是用數字表現而已。

「每小時 60 英里」的意思是，如果你以這個速率旅行的話，1 個小時後你就會走了 60 英里。每年 4% 的利率的話，意思就是如果你存了 100 美元在銀行帳戶裡的話，你就可以在 1 年後領出 104 美元。

◆ **利息**是一種金融運算，用來計算一筆今天存入的起始金額，在未來會增加到多少。兩個金額都是「名目」金額，意即現在的貨幣價值。底下的圖表顯示的，是今天存了 100 美元到銀行後，會怎麼樣在年利率 4% 下，在 7 年後增長到 132 美元。

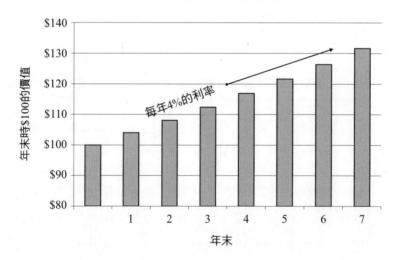

每年利率 4% 的複利

折現和折現率

◆ **折現**是幫未來某個時間點預計會收到的金額找出現值的過程；也就是將未來預計會收到的總額，透過單位時間內的**折現率**，減少成現在應有的價值。這樣懂了嗎？

把折現想成是計算利息，只不過是倒回去算的。在折現時（倒退回去時），我們會使用的是折現率而不是利率（往前進）。將未來的報酬折現，是做資本預算決策時非常重要的步驟。後面談到淨現值時會有更多說明。

◆ 底下的圖表顯示的，是預計 7 年後會收到 132 美元的話，我們要如何在每年 4% 的折現率下，將這筆金額折現回 100 美元。兩個金額都是「名目」金額，意即現在的貨幣價值。

316 頁和本頁的圖表其實是一模一樣的，只不過「利息」的箭頭是朝上指向未來，而「折現」的箭頭則是往下指向過去。

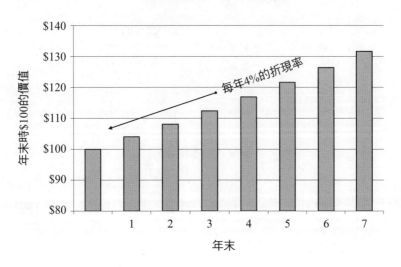

每年折現率 4% 的複利

計算折現值

計算未來現金流量折現值有個簡單的方法，就是利用現值－未來值表，就像 320 頁的例子一樣。所有的計算工作已經都幫你完成了。

比方說，看一下這個表，找出在折現率 12% 下，7 年的係數值為多少，我們可以看到是 0.452。

這個數字的意思是現值 1 美元在折現率（d）為每年 12% 的情況下，經過 7 年（y）後，價值會變成 45.2 美分。

換一種方式來描述現值和未來值之間的關係的話，就是今天你口袋裡的 45.2 美分，跟 7 年後你口袋裡的 1 美元，在財務價值上是相等的（折現率為 12%）。

想要知道這個現值表是怎麼製作出來的話，可以試著分解一下 315 頁的現值公式：

$$PV = \frac{FV}{(1 + d)^y}$$

於是，

$$PV = \frac{\$1.00}{(1 + 0.12)^7}$$

可得：

$$PV = \$0.452$$

現在，讓我們利用這個現值表，計算一筆預估現金流量的現值。請見下一頁的表格。

利用現值表計算現值

	第 1 年	第 2 年	第 3 年	第 4 年	總計
A. 名目現金流量	($124)	$88	$225	$135	$324
B. 從現值表找到折現率 14% 下的係數值	0.877	0.769	0.675	0.592	
C. 名目現金流量之現值（A 排×B 排）	($109)	$68	$152	$80	$191

上表中的 A 排顯示的是在某投資方案中，4 年內的預估現金流量名目價值（實際的錢）。

B 排顯示的是在 320 頁的現值表上，折現率為 14% 時，每一年的折現係數。

C 排顯示的則是將上兩個數值相乘後，得出的現金流量現值。

　　在下一章，我們會把所學的一切運用在淨現值（NPV）分析上。淨現值是在做資本預算決策時，最強大也最為廣泛使用的分析工具。

1.00 美元在第 y 年年末時可收到的現值（PV）

以每年折現率 d 的比例折現

年末(y)	2%	4%	6%	8%	10%	12%	14%	16%	18%	20%	22%	24%	26%	28%	30%	35%	40%	45%	50%
1	0.980	0.962	0.943	0.926	0.909	0.893	0.877	0.862	0.847	0.833	0.820	0.806	0.794	0.781	0.769	0.741	0.714	0.690	0.667
2	0.961	0.925	0.890	0.857	0.826	0.797	0.769	0.743	0.718	0.694	0.672	0.650	0.630	0.610	0.592	0.549	0.510	0.476	0.444
3	0.942	0.889	0.840	0.794	0.751	0.712	0.675	0.641	0.609	0.579	0.551	0.524	0.500	0.477	0.455	0.406	0.364	0.328	0.296
4	0.924	0.855	0.792	0.735	0.683	0.636	0.592	0.552	0.516	0.482	0.451	0.423	0.397	0.373	0.350	0.301	0.260	0.226	0.198
5	0.906	0.822	0.747	0.681	0.621	0.567	0.519	0.476	0.437	0.402	0.370	0.341	0.315	0.291	0.269	0.223	0.186	0.156	0.132
6	0.888	0.790	0.705	0.630	0.564	0.507	0.456	0.410	0.370	0.335	0.303	0.275	0.250	0.227	0.207	0.165	0.133	0.108	0.088
7	0.871	0.760	0.665	0.583	0.513	0.452	0.400	0.354	0.314	0.279	0.249	0.222	0.198	0.178	0.159	0.122	0.095	0.074	0.059
8	0.853	0.731	0.627	0.540	0.467	0.404	0.351	0.305	0.266	0.233	0.204	0.179	0.157	0.139	0.123	0.091	0.068	0.051	0.039
9	0.837	0.703	0.592	0.500	0.424	0.361	0.308	0.263	0.225	0.194	0.167	0.144	0.125	0.108	0.094	0.067	0.048	0.035	0.026
10	0.820	0.676	0.558	0.463	0.386	0.322	0.270	0.227	0.191	0.162	0.137	0.116	0.099	0.085	0.073	0.050	0.035	0.024	0.017
11	0.804	0.650	0.527	0.429	0.350	0.287	0.237	0.195	0.162	0.135	0.112	0.094	0.079	0.066	0.056	0.037	0.025	0.017	0.012
12	0.788	0.625	0.497	0.397	0.319	0.257	0.208	0.168	0.137	0.112	0.092	0.076	0.062	0.052	0.043	0.027	0.018	0.012	0.008
13	0.773	0.601	0.469	0.368	0.290	0.229	0.182	0.145	0.116	0.093	0.075	0.061	0.050	0.040	0.033	0.020	0.013	0.008	0.005
14	0.758	0.577	0.442	0.340	0.263	0.205	0.160	0.125	0.099	0.078	0.062	0.049	0.039	0.032	0.025	0.015	0.009	0.006	0.003
15	0.743	0.555	0.417	0.315	0.239	0.183	0.140	0.108	0.084	0.065	0.051	0.040	0.031	0.025	0.020	0.011	0.006	0.004	0.002
16	0.728	0.534	0.394	0.292	0.218	0.163	0.123	0.093	0.071	0.054	0.042	0.032	0.025	0.019	0.015	0.008	0.005	0.003	0.002
17	0.714	0.513	0.371	0.270	0.198	0.146	0.108	0.080	0.060	0.045	0.034	0.026	0.020	0.015	0.012	0.006	0.003	0.002	0.001
18	0.700	0.494	0.350	0.250	0.180	0.130	0.095	0.069	0.051	0.038	0.028	0.021	0.016	0.012	0.009	0.005	0.002	0.001	0.001
19	0.686	0.475	0.331	0.232	0.164	0.116	0.083	0.060	0.043	0.031	0.023	0.017	0.012	0.009	0.007	0.003	0.002	0.001	0.000
20	0.673	0.456	0.312	0.215	0.149	0.104	0.073	0.051	0.037	0.026	0.019	0.014	0.010	0.007	0.005	0.002	0.001	0.001	0.000
21	0.660	0.439	0.294	0.199	0.135	0.093	0.064	0.044	0.031	0.022	0.015	0.011	0.008	0.006	0.004	0.002	0.001	0.000	0.000
22	0.647	0.422	0.278	0.184	0.123	0.083	0.056	0.038	0.026	0.018	0.013	0.009	0.006	0.004	0.003	0.001	0.001	0.000	0.000
23	0.634	0.406	0.262	0.170	0.112	0.074	0.049	0.033	0.022	0.015	0.010	0.007	0.005	0.003	0.002	0.001	0.000	0.000	0.000
24	0.622	0.390	0.247	0.158	0.102	0.066	0.043	0.028	0.019	0.013	0.008	0.006	0.004	0.003	0.002	0.001	0.000	0.000	0.000
25	0.610	0.375	0.233	0.146	0.092	0.059	0.038	0.024	0.016	0.010	0.007	0.005	0.003	0.002	0.001	0.001	0.000	0.000	0.000
26	0.598	0.361	0.220	0.135	0.084	0.053	0.033	0.021	0.014	0.009	0.006	0.004	0.002	0.002	0.001	0.000	0.000	0.000	0.000
27	0.586	0.347	0.207	0.125	0.076	0.047	0.029	0.018	0.011	0.007	0.005	0.003	0.002	0.002	0.001	0.000	0.000	0.000	0.000
28	0.574	0.333	0.196	0.116	0.069	0.042	0.026	0.016	0.010	0.006	0.004	0.002	0.002	0.001	0.001	0.000	0.000	0.000	0.000
29	0.563	0.321	0.185	0.107	0.063	0.037	0.022	0.014	0.008	0.005	0.003	0.002	0.001	0.001	0.000	0.000	0.000	0.000	0.000
30	0.552	0.308	0.174	0.099	0.057	0.033	0.020	0.012	0.007	0.004	0.003	0.002	0.001	0.001	0.000	0.000	0.000	0.000	0.000

第二十一章　淨現值（NPV）

　　現在我們要進行現金投資，滿心期待將來能夠有很高額的報酬。但這個投資方案的風險這麼高，預期報酬真的足以支付我們最初的投資嗎？此外，在我們的投資方案中，哪一個能帶來更高的財務報酬？回答這些問題就是資本預算分析的核心，而**淨現值（NPV）**分析則可以為我們提供「黃金準則」。

　　一個投資提案的淨現值，就是該提案未來的現金收益減去成本的值，所有數值都要轉換成現值。在進行淨現值分析時，每一筆相關的現金流入和流出都要折現為現值後再相加。得出的淨現值就是我們預估這個投資方案能為公司帶來的財富。

　　淨現值為正的話，就代表投資方案能為公司帶來這筆金額。而一個淨現值為負的投資方案，則完全不應該推行。如果我們需要在不同的投資方案裡做出選擇的話，擁有最高淨現值的方案，將能為公司帶來最高的價值。也就是說，淨現值是越高越好。

　　在後面幾頁裡，你會發現其實計算淨現值根本是小事一樁。所有很繁重的計算工作都交由電腦的試算表來做就好。做淨現值分析時，最困難的部分其實是預估出正確的現金流量，以便用在算式裡。

　　淨現值分析的根本，就在於精準預測資本投資方案裡，各式相關的現金流量。這些預估的現金流量可以回答以下的問題：「這個投資方案最初的投資額需要多少？」以及「這個方案會如何影響公司未來的總現金流量？」

　　但要注意，在不了解這些算式的限制之下使用這些工具的話，常常會得出許多既錯誤又誤導人的結果。此外，在計算變數的過程中，由於過程非常精確，因此常會給人一種這個預測十分精準的錯覺，並使人對這些預估值有了虛幻的信心。千萬別忘了策略的重要性，淨現值就算再

怎麼高，如果公司的策略有缺陷的話，這個投資案還是很有可能會失敗。

　　在本章的後半部分，我們會討論做資本預算決策時，可以使用的其他分析技巧，包括內部報酬率（IRR）、投資報酬率和投資回收期等。不過多數的時候，淨現值就很夠用了。下一章，我們會將淨現值運用在分析蘋果籽的擴張計畫上。

　　不同的投資方案所帶來的現金流量總額和時間點會有所不同。淨現值（NPV）這種資本預算決策的分析工具，試圖要回答的問題是「這個方案的總值以今天的貨幣價值來看是多少？」

　　淨現值分析讓我們可以用標準一致的方式，比較不同投資方案的財務價值。在計算投資方案的未來現金流量現值時，淨現值也將貨幣的時間價值納入了考量。淨現值是一種直接測量的工具，能夠計算一個投資方案預計能為公司帶來多少附加價值。

淨現值方程式

◆ 一個投資提案的淨現值（NPV），指的是這個專案執行期間內，預計會有的現金流量全部加總起來的總額，並且用適當的折現率轉換成為現值。如果一個投資方案的淨現值為正的話，就代表我們預期投資方案能為公司新增該金額的價值。

◆ 底下可以看到加了註解的標準**淨現值（NPV）**公式。一旦了解了概念，再看過幾個例子之後，你就會知道這沒有那麼嚇人。反正，試算表會負責做完最麻煩的部分。

∑（總和的符號）的意思是，利用這個符號右方的代數算式（1）計算每一年的值，從第一年（y ＝ 1）開始一直到第 N 年（y ＝ N）之後，（2）再將這些值加總起來。

C_y 是 y 年內的淨現金流量（現金流入減掉流出）。

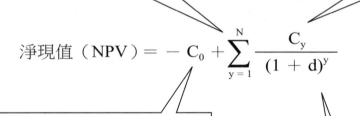

$$\text{淨現值（NPV）} = -C_0 + \sum_{y=1}^{N} \frac{C_y}{(1+d)^y}$$

C_0 是在投資方案執行初期，支出的投資總額。C_0 是一筆支出，因此會被減掉。

d 是要將每一年的現金流量折現時使用的折現率。算式 $(1+d)^y$ 的意思是要將算式 $(1+d)$ 自己乘自己 y 次。請見 325 頁的例子。

淨現值（**NPV**）實例

◆ 我們會以下表所提供的資本投資方案為例，計算這個方案的淨現值。

現金流量	起始	第 1 年年末	第 2 年年末	第 3 年年末
－ 初始投資額（C0）	$C_0 = \$725$			
＋ 當年度的現金流入量		$500	$800	$950
－ 當年度的現金流出量		$200	$350	$450
＝ 當年度的淨現金流量	（$725）	$C_1 = \$300$	$C_2 = \$450$	$C_3 = \$500$

標準的算式如下：

$$NPV = -\,C_0 + \sum_{y=1}^{N} \frac{C_y}{(1+d)^y}$$

接著將包括初始投資在內的 3 年算式展開（C_0）

$$NPV = -\,C_0 + \frac{C_1}{(1+d)^1} + \frac{C_2}{(1+d)^2} + \frac{C_3}{(1+d)^3}$$

接著將變數換成現金流量的總額，然後使用 12% 的折現率好了：

$$NPV = -\,725 + \frac{\$300}{(1+0.12)} + \frac{\$450}{(1+0.12)(1+0.12)}$$

$$+ \frac{\$500}{(1+0.12)(1+0.12)(1+0.12)}$$

$$NPV = -\$725 + \frac{\$300}{1.120} + \frac{\$450}{1.254} + \frac{\$500}{1.405}$$

$$NPV = -\$725 + \$268 + \$359 + \$356$$

$$NPV = \$258$$

◆ 下一頁的圖表上，可以看到同樣是這個現金流量的例子，但使用不同折現率計算出來的結果（折現率從 5% 到 35%）。

內部報酬率（IRR）

◆ 一個投資方案的**內部報酬率（IRR）**，指的是能夠使預估現金流量的現值，恰好等於初始投資額的折現率。因此，IRR 就是 NPV = \$0 的那一點。

◆ 使用較低的折現率時，投資方案的淨現值就會比較高，因為折價的比較少，所以得出的未來現金流量值會比較高。如果使用的折現率偏高的話，投資方案的淨現值就會比較低，因為折價的比較多，所以算出來的未來現金流量值會比較低。

請見下方的圖表。如果折現率為 12% 的話，我們可以得出示範的投資方案淨現值為 \$258。如果折現率改為 5% 的話，淨現值就會超過 \$400。而如果折現率為 35% 的話，淨現值就會變成負的，也就是說這個投資方案的成本會高於其所能帶來的收益。以這個例子來說，內部報酬率是 30%（淨現值 = \$0）。

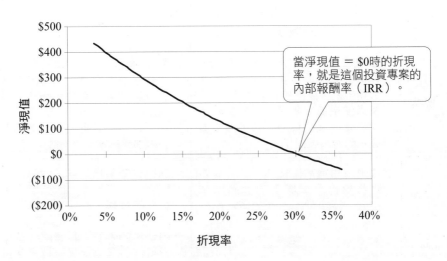

在不同折現率下的淨現值

當淨現值 = $0時的折現率，就是這個投資專案的內部報酬率（IRR）。

◆ 內部報酬率常會被誤以為是某項專案投資的年度獲利率，但只有在用專案的現金進行投資，且獲利率等於 IRR 時才可能會有這種程度的報酬，但通常不可能如此。

淨現值 vs. 內部報酬率？

◆ 淨現值和內部報酬率要測量的，是使用資本時兩種不同但卻相輔相承的面向。這兩種評估資本投資的工具各自有其內在的優、缺點，請見下表。

淨現值 vs. 內部報酬率

	淨現值	內部報酬率
優點	一**淨現值**是一種直接測量的工具，能夠計算一個投資方案預計能為公司帶來多少附加價值。 一使用**淨現值**分析可以輕鬆比較不同投資方案的價值：選擇**淨現值**最高的方案就對了。	一**內部報酬率**是一種受到廣泛使用的資本預算分析工具，因為這項工具以簡單易懂的百分比形式顯示資本使用的效率。 一即使在不估算折現率的情況下計算**內部報酬率**也是有效的。
缺點	一計算**淨現值**需要輸入一個假設的折現值（資金成本加上風險貼水），但折現值往往不易估算。	一**內部報酬率**只計算了報酬的百分率而已，不是值，因此忽視了投資案的規模，同時也無法測量最終能夠為公司帶來多少價值。 一**內部報酬率**有可能會使一個小型投資案看起來比另一個大型投資案更吸引人。事實上，一個非常小的投資案有可能有很高的**內部報酬率**，但**淨現值**卻非常低也不亮眼。 一**內部報酬率**都會假設一個極度不可能的現金投資報酬率（也就是**內部報酬率**）。而修正內部報酬率（MIRR）分析可以解決這個問題。

預測現金流量

要精確預估某個投資方案所有的現金流入和流出量及時間點，是個有點棘手的任務。要預測現金流量，需要詳盡地了解這個行業、要分析的專案、需要輸入的變數，以及預期的結果。

我們需要預估的，包括原始投資額、營運資金的變化以及專案期間持續會有的成本及支出等，且這些項目的總額和時間點都要估算。我們必須了解顧客的需求、想要的成果以及市場狀況，才能適切地預測可能會有的收益。此外，現在以及未來的金融環境、預期的通膨率、專案的

風險還有稅務的考量，在計算淨現值的過程中，每一項都扮演重要的角色。此外，上述每一項現金流量的要素，都需要依時間順序列出，這樣淨現值分析才能夠將貨幣的時間價值也考量進來。請看下一頁的方框，當中對預測現金流量有更多說明。

選定折現率

選擇一個恰當的折現率也是很困難的任務。折現率最低應該要等於公司的加權平均資金成本。投資方案的報酬率必須至少要達到這個數字，不然就會稀釋掉公司的價值。接著，如果投資方案有較高的風險，而且這個風險與公司本身的內在風險有關的話，就需要加上「風險貼水」。

創投投資人通常會加 30%，甚至更高的風險貼水到新創公司的專案上。至於已經有基礎的公司要擴大的話，較為溫和的 5% 到 15% 的風險貼水，可能較為適合。製作一個淨現值對折現率的圖表會很有幫助。請見 327 頁。

敏感度分析

資本預算分析中的變數，並不是每個的重要性都一樣。比方說，銷售額的預測值幾乎無論何時都是關鍵的變數。但成本正負 10% 對於一個毛利高的產品來說可能就沒那麼重要。

進行「敏感度分析」可以幫助我們找出資本預算分析中的重要變數。在進行敏感度分析時，我們會有系統地更改變數，以了解這些變動會如何影響得出的淨現值或內部報酬率。如果改動某項假設會導致計算出來的專案價值有很大的變化的話，這就是個重要的變數，要盡量找到正確的值。而如果改動某項假設結果只有些微的變動的話，這就不是那麼重要的變數了。

預測現金流量：淨現值分析當中所使用的現金流量總額，應當要來自一份專為該項投資方案所編製，且製作詳細的預估財報。一項投資專案某一時期內的現金流量總額，可以用底下的方式計算：

$$
\begin{array}{r}
\text{營業利益} \\
+\ \text{折舊} \\
-\ \text{稅金} \\
-\ \text{資本支出} \\
-\ \text{營運資金的增加額度} \\
\hline
\text{現金流量總額}
\end{array}
$$

營業利益等於收入減掉成本及費用。營業利益是現金的主要來源（詳細內容請見第 74 頁）。不過，我們還必須要進行兩項調整，才能得到真正的現金流量：

（1）營業利益是減掉稅金之前的金額，所以需要減去稅金，得到修正過後的現金流量。（2）此外，折舊費用也被包含在營業利益當中，但其實不會使該段期間的現金減少，因此需要將折舊費用加回去，才能得出正確的現金流量（詳細內容請見第 47 頁）。最後，只有該段期間內的營運資金要素（如存貨、應收帳款、應付帳款等）之變化（增加或減少），才是現金流量中真的需要計算的部分。如果營運資金增加了，就需要更多的現金，所以我們就需要把這筆金額從現金流量的總額中減去（詳細內容請見第 56 頁）。

在進行情境分析時，最好要以比較保守的角度來觀察所有的財務假設，同時也要了解現金流量會如何受到影響。比方說，要假設所有事情

的成本都會比原本預期的高，就連達成目標所需的時間也會比較長。通常，準備好三種不同的預估財報會很有用：第一種的假設比較保守（悲觀），第二種的假設比較實際（最有可能的情況），第三種的假設則可以比較樂觀。

淨現值指導原則

底下是幾個在預測現金流量和進行淨現值分析時的原則：

1. 計算所有現金流量增量。

現金流量增量是因為專案而增加的現金流量，來源可能是銷售額、成本、費用、資本投資營運資金的增加或是其他來源等。

機會成本也很重要。如果某個現有的資產或是員工需要參與這項專案的話，也應該要把這些成本加到專案的現金流量裡。

2. 只要計算現金流量增量。

不要計入沉沒成本，我們已經花掉那些錢了，所以在預估未來的過程中，不應該再將這些錢計入。

編製資產負債表和損益表所使用的會計慣例，可能會使專案的實際價值被掩蓋起來。現金流量和利潤不是一回事，一個專案能帶來獲利不一定代表會有正的現金流量。

3. 在估算現金流量時要使用名目價值。

計算淨現值時使用的折現率裡，已經將通膨納入考量，所以在預測時一定要使用名目價值，以免重複計算。

請見 365 頁的附錄 B 名目價值 vs. 實質價值。

4. 要考慮貨幣時間價值。

資本預算分析通常會顯示最初的現金流出量（投資額），以及未來的現金流入量（報酬）。在分析現金流量時，記得要考慮到今天花的一塊錢，比在遙遠的未來拿到的一塊錢更值錢。

未來現金流量的折現值，是利用適當的每單位時間（特定期間）內之折現率，將原本的值減少而得的。特定期間通常是指估算現金流量的這個當下，和現金流量在未來實際產生的時間點之間的時間。

5. 不要計入資金成本。

進行資本預算分析時，資金的成本不該被算在預測的現金流量中。請記得，在計算淨現值時使用的折現率中已經計入了資金成本的估值。

6. 要考慮風險。

每個專案的風險都各不相同，風險較高的專案應該要有較高的預期報酬。計算淨現值時使用的折現率裡，一部分已經處理了不同程度的風險。

7. 了解假設。

在評估資本投資方案時，量化工具通常都能夠提供許多很有價值的洞見，但如果誤用的話，則會變得毫無價值。所以一定要了解計算時的假設究竟代表什麼。

微軟的 Excel 讓淨現值和內部報酬率分析的計算過程變得很容易。雖然如此，估算現金流量和淨現值分析要用的折現率，仍然是件讓人頭痛的事。不過，利用試算表的功能快速針對重要的變數進行敏感度分析，可以大幅提升分析的價值。

使用試算表

要計算淨現值或內部報酬率時，我們通常會將所有現金流量輸入成一列（一連串的儲存格），接著試算表的功能就會以你在本書看到的方程式來進行計算。最好先讀過全部的輔助說明，以了解每個功能的用處。

淨現值（比率、數值 1、數值 2……）：比率指的是特定期間內，我們選擇的折現率。數值代表的是期末時現金流出或流入的每一筆金額。

內部報酬率（數值、推測）：數值代表一列的儲存格，當中的數字是你要用來計算內部報酬率的值。推測則是對於內部報酬率的估值。試算表會使用重覆計算法，以「推測」的值為起始計算內部報酬率。

試算表內還有其他功能可以計算修正內部報酬率，這時會套用較低的折現率在現金流入額上。此外，還有其他功能可以用於計算現金流量不規則的專案（XNPV 及 XIRR）。

其他量測工具

多數金融界的人會認為，淨現值是最全面而且最佳的測量工具，可以計算一個資本投資方案能為公司帶來多少附加價值；不過內部報酬率也對於了解資金的使用效率有很大的幫助。淨現值和內部報酬率要測量的，是使用資本時兩種不同但卻互補的面向。在進行資本預算分析時，最好能淨現值和內部報酬率兩者併用。

底下會介紹一些其他常見的資本預算分析工具，有些有點小缺陷，有些雖然很有幫助但卻相當複雜。

投資報酬率（ROI）：投資報酬率並沒有標準的計算方法。許多機構

會用這個詞來代表好幾種不同的分析工具。因此，投資報酬率雖然很有彈性，卻也容易令人混淆。所以還是使用有清楚定義的淨現值跟內部報酬率就好。

投資回收期：指的是要讓某項投資的報酬總額能夠回收原始投資額或甚至超過所需的時間。很明顯的，在假設其他條件相同的情況下，投資回收期比較短的方案比較好。

投資回收期作為一種量測工具，不僅容易計算也很易懂。然而，投資回收期的計算方法忽略了貨幣的時間價值，而且也完全忽略了回收期結束之後的任何現金流量。現金回收期做為資本預算的分析工具有很大的限制存在。因此，別將這項工具用於此。

實質選擇權分析：這個分析讓我們可以在計畫施行期間，分析是否要繼續進行專案。因為擁有選擇慢下腳步或乾脆停止的彈性，所以能夠降低專案為公司帶來的風險。風險一旦降低，專案的初始價值就會增加，因此優於無法停止的專案。實質選擇權分析相當複雜，但對於分析大型資本投資方案而言卻非常有用。

蒙地卡羅分析法：這是一種相當複雜且含有多項變數的淨現值計算法，首先要先指定不同的 p 值到資本投資方案裡的變數，接著就要靠電腦的力量，硬算出模擬結果。蒙地卡羅分析法產出的結果，是一個機率分配的直方圖，呈現專案淨現值的波動程度及敏感度。這是個能力非常強大的工具，但運用起來非常複雜。

摘要

不同的投資方案需要的投資額和投資時間點各不相同，同時長期下來的報酬也會不同。

一個投資提案的淨現值，指的是在專案期間內預計會有的現金流量的總額，而且每一筆現金流都要用適當的折現率，轉換成為適合比較的現值。

◆◆◆──

「我們的建議：當心那些用了一堆算式的人。」

華倫・巴菲特（Warren Buffett）

對於金融模型及 2008 年金融危機之評論。

──◆◆◆

一般說來，在比較不同的專案時，我們應該選擇**淨現值最高**的專案。

投資方案的內部報酬率指的是當淨現值等於 0 時使用的折現率，而且折現過後的專案成本恰好與折現後的專案報酬相等。一般說來，如果一個投資方案的內部報酬率高於公司的要求報酬率，就是可行的方案。

進行資本預算決策時，使用淨現值和內部報酬率的話，可以讓管理人員從不同的投資方案中，理性地進行選擇，畢竟不同專案的起始成本和預估的現金流量都天差地遠。

在本書的最後一部分裡，我們將把目前已經介紹過有關資本預算分析的內容，實際運用到蘋果籽公司

自己蓋？　　收購？

的狀況，在不同的擴展計畫裡進行選擇：從零打造新的工廠，或是買下現有的公司。決策，決策。

第二十二章　做出良好的資本投資決策

　　在上次的董事會裡，備受敬重的董事們通過了蘋果籽公司的計畫，讓我們新開一條產品線，生產美味的洋芋片。現在，我們正在比較兩個雖然不同但都可以達到目標的資本投資方案：（1）從頭開始打造自己的工廠（「處女地」方案），或者（2）併購洋芋片反斗城公司（「收購」方案）。在本章中，我們會為這兩種方案分別編製一份現金流量預估表，並進行淨現值分析，以幫我們選出對蘋果籽公司的未來而言最好的方案。

預測銷售額

　　要預測現金流量時，先從預測銷售額開始是個不錯的選擇。所以來吧。請見下方的圖表。

　　收購洋芋片反斗城的話，我們可以在準備自己的洋芋片產線的同時，讓洋芋片反斗城繼續販賣他們的低階品牌產品。相對的，如果我們自己從頭設立洋芋片工廠的話，我們可能將近整整一年都沒辦法販售任何東西。

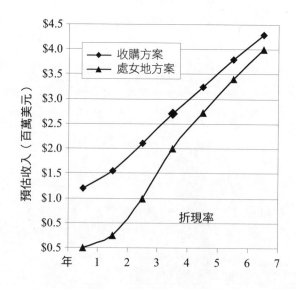

預估銷售收入額

雖然目前洋芋片反斗城的獲利能力低於我們對於新洋芋片產線的預期收入，但至少可以在我們準備自己的洋芋片品牌時，有一些收入。

既然我們現在有了預估的銷售額，就讓我們來預估一下兩個投資方案各自的現金流量吧。詳細內容請見下一頁。

預估現金流量

要估算現金流量的話，要先估算三種「使用現金」和「產生現金」的重要商業元素：（1）營業活動之現金、（2）資本支出，以及（3）營運資金增量。後面幾頁有蘋果籽公司針對兩個投資方案所做的詳細現金流量預測；這邊則會說明我們如何得出這些數字。

營業活動之現金：要預估營業活動的淨現金的話，首先要先為我們要分析的每個年度都製作一份預估損益表。一開始先估算這項投資方案的預期銷售額增量，接著再將銷售額與產生這個銷售額所需付出的成本增量和支出增量搭配在一起。接著將這些成本與支出從銷售額中扣除。（注意：一定要將折舊費用加回去，因為折舊費用雖然會記錄在損益表上作為成本，但並不會使該期間的現金減少。詳細說明請見 47 頁及 147 頁）。最後再減掉支付之所得稅，就可以得出每個年度的預估營業活動之現金了。

資本支出：接下來，我們需要預估在這兩個資本投資方案裡，各需要投入多少資金到不動產、廠房及設備上，以及什麼時候要投入。

蘋果籽股份有限公司擴張方案：收購方案之現金流量分析（千美元）

收購方案	期初	第1年	第2年	第3年	第4年	第5年	第6年	第7年
1. 營業活動之現金（現金流量的加項）……		$120	$230	$465	$656	$788	$920	$1,035
折舊費用（加回到現金流量）……		131	150	160	198	195	182	168
稅金（從現金流量扣除）……		(24)	(58)	(140)	(223)	(268)	(313)	(352)
2. 資本支出：								
收購洋芋片反斗城公司資產，包含舊廠房及設備	(1,125)	0	0	0	0	0	0	0
整修洋芋片反斗城的舊廠房……		(275)	(150)	(50)	(50)	(10)	(10)	(10)
將舊的洋芋片生產設備翻新……		(200)	(75)	(5)	(5)	(5)	(5)	(5)
購買並安裝新的包裝機器設備……		(75)	0	0	0	0	0	0
購買並安裝最先進的品管實驗室……		(50)	0	0	0	0	0	0
整修舊的送貨卡車並並用獨特的洋芋片藝術圖片裝飾……		(25)	(25)	(5)	(5)	(5)	(5)	(5)
擴大廠房以提升產量……		0	0	(200)	(100)	0	0	0
購買並安裝其他洋芋片生產機器		0	0	0	(500)	(100)	0	0
3. 營運資金增加（從現金流量中扣除）……		(300)	(88)	(138)	(156)	(131)	(138)	(125)
4. 公司的終值（預估8x的現金流量）……		0	0	0	0	0	0	5,813
現金流量總額及終值	($1,125)	($698)	($15)	$88	($185)	$463	$631	$6,519
折現率15.8%下的年度現金流量現值	($1,125)	($603)	($11)	$56	($103)	$223	$262	$2,335
累計現金流量	($1,125)	($1,823)	($1,838)	($1,750)	($1,935)	($1,472)	($841)	$5,679

收購方案在折現率15.8%下的淨現值（NPV）＝$1,034

最低累計現金流量（第4年）＝($1,935)

資本支出總額＝($3,080)

蘋果籽股份有限公司擴張方案：處女地方案之現金流量分析（千美元）

處女地方案	期初	第 1 年	第 2 年	第 3 年	第 4 年	第 5 年	第 6 年	第 7 年
1. 營業活動之現金（現金流量的加項）		$0	$50	$250	$400	$681	$850	$1,000
折舊費用（加回到現金流量）......		216	238	235	219	201	185	170
稅金（從現金流量扣除）......		(0)	(13)	(75)	(136)	(232)	(289)	(340)
2. 資本支出：								
蓋一棟又新又大而且專為洋芋片加工設計的廠房......	(2,150)	0						
購買並安裝高產能的洋芋片生產機器......		(600)	(250)	(100)	0	0	0	0
購買並安裝新的包裝機器設備......		(75)	0	0	0	0	0	0
購買並安裝最先進的品管實驗室......		(50)	0	0	0	0	0	0
購買新的送貨卡車並用獨特的洋芋片藝術圖片裝飾......		0	(50)	(75)	(25)	0	0	0
3. 營運資金增加（從現金流量中扣除）......		0	(63)	(188)	(250)	(181)	(169)	(150)
4. 公司的終值（預估 8x 的現金流量）......		0	0	0	0	0	0	5,439
現金流量總額及終值	($2,150)	($509)	($87)	$48	$208	$470	$577	$6,119
折現率 15.8% 下的年度現金流量現值	($2,150)	($440)	($65)	$31	$116	$226	$239	$2,191

處女地方案在折現率 15.8% 下的淨現值（NPV）＝ $148

累計現金流量	($2,150)	($2,659)	($2,746)	($2,699)	($2,491)	($2,021)	($1,443)	$4,676

最低累計現金流量（第 2 年）＝ ($2,746)

資本支出總額＝ ($3,375)

蘋果籽公司的「自己蓋或收購」決策——預估現金流量

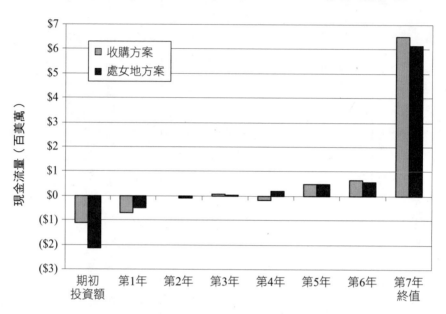

在處女地方案中，我們會有大筆的開銷需要花在土地、新廠房和新機器上。但如果我們收購洋芋片反斗城的話，則需要資金來翻新工廠和機器，才能達到我們期望的標準。此外，我們還需要購買額外的洋芋片生產機器，以提升洋芋片反斗城的產量。

在處女地方案中，購買土地和蓋新廠房的成本將會非常高。收購洋芋片反斗城比較便宜，但他們現在的工廠則需要大規模翻新。

營運資金增量：現在我們要預測需要額外新增多少營運資金（主要是應收帳款和存貨），才能撐得起擴大之後的公司。錢才能賺錢，賣的東西越多，需要的營運資金也會越多。

由於收購洋芋片反斗城可以讓我們比較早開始販售，且販售額也較高，因此選擇這個投資方案的話，也需要比較多的早期營運資金。

最後，還有一個非常重要的估算，是我們開始計算淨現值之前一定要先進行的：資本投資方案各自的「終值」。

終值：當我們估算的現金流量超過一定期間後，估算的值通常不確定性都太高，而且對淨現值分析而言也不實用。因此我們通常會在能預測的最後一年現金流量上，再加上一筆終值，以此估算和考量資本投資案作為一個沒有明確期限的商業活動，其長期的價值為何。

我們可以將終值想成是資本投資案當中的公司，被以持續經營的公司售出之後，整個投資案能為我們帶來的價值。要注意，在許多投資方案裡，終值有可能是我們加到專案估值的金額中最大的一筆，尤其投資案是要成立新公司或是大幅度擴張時，更是如此。

在我們的淨現值比較當中，我們對於終值的估算較為保守，兩個方案的終值都只有預測稅後純益的 8 倍而已。要注意，雖然兩種方案的終值都相當大，但在我們的分析中，這筆會收到的總額是 7 年後的金額，因此價值其實會大打折扣。

舉例來說，我們可以從 320 頁的圖表上看到，在折現率 16% 下，7 年後才收到的 1 塊錢，其現值只有 35 分。以此計算的總額仍然相當可觀，但就沒有那麼驚人了。

計算淨現值及內部報酬率

我們很仔細地幫蘋果籽的兩個擴張方案估算了現金流量，詳細的估算內容請見 340 ～ 341 頁。

現在我們必須選定一個折現率，接著才能開始計算淨現值。收購方案和處女地方案的風險似乎相去不遠。此外，這兩種方案也都不會在公司原有的風險之上，再為公司帶來很大的風險。因此，在進行淨現值比較時，使用蘋果籽公司的加權平均資金成本（WACC），也就是 15.8%，

似乎相當合理（關於蘋果籽公司的加權平均資金成本，請見 302 頁）。

收購或處女地方案的內部報酬率

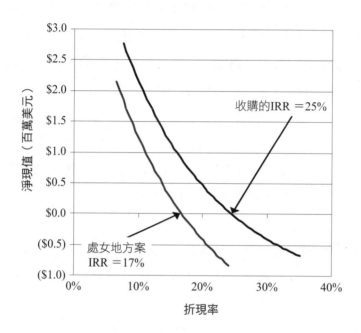

現在我們需要做的下一步，就是走到電腦前把這些數字輸入到 Excel 裡，然後讓電腦接手。

蘋果籽公司擴張方案的財務比較

打勾的項目表示該方案較佳

	併購洋芋片反斗城公司	自己打造工廠
淨現值（NPV）	✓ $1,034,000	$148,000
內部報酬率（IRR）	✓ 25%	17%
最低累計現金	✓（$1,935,000）	（$2,746,000）
資本支出總額	✓（$3,080,000）	（$3,375,000）

好了！上一頁頂端的表格裡，我們總結並比較了估算的現金流量和淨現值的結果。收購方案所得出的淨現值遠高於處女地方案，內部報酬率也比較高。此外，以我們在單一時間點所需的現金總額（最低累計現金）來看，收購方案也遠低於處女地方案。資本支出則相去不遠，差距在正負 10% 左右。

就財務來說，收購洋芋片反斗城對於想要打入洋芋片市場的蘋果籽來說，是最為合理的選擇。要注意，雖然處女地方案的淨現值「只有」148,000 美元，但這其實仍然是個相當吸引人的方案，也能提升蘋果籽公司的價值。然而，由於收購方案的淨現值更高，來到 1,034,000 美元，因此以財務角度來說，選擇這項方案較為合理。

我們把淨現值和內部報酬率分析的結果上交到蘋果籽公司的董事會，董事會成員也同意收購洋芋片反斗城是可行的方案。我打電話給洋芋片反斗城的老闆，邀請他共進晚餐以完成收購談判。我們不會去高級的餐廳，因為我不希望他覺得我們有很多錢可以出。

在用餐過程中，我們談妥了價格為 125 萬美元，恰好與我們在淨現值分析中預測的數字一樣。我們只會購買資產，負債則交由洋芋片反斗城自己結清。我打給我們的律師，請他們開始擬訂收購和出售的合約。接著我又打給我們的會計師，問她要怎麼將蘋果籽這次的併購案記錄在帳冊上才好。她含糊地說到什麼有新的法規，美國財務會計準則委員會（FASB）第 141（R）條規定，她要再看一下，之後再跟我們聯絡。

收購法會計

對於像我們這樣的企業併購案，美國財務會計準則委員會（FASB）確實有了一些新規範。2001 年以前，公司在合併時有兩種方法可以使用：利益合併法（pooling rules）跟購買法（purchase rules）。使用這 2 種不同會計規則所產出的財報可能會看起來相當不同，這正是問題所在。FASB 為了消弭這個困擾，在 2009 年公布了新法規，也就是所謂企業併購時的「收購法」（acquisition method），而這就是我們在收購洋芋片反斗城時會採用的會計方法。

使用這個收購法時，所有我們從洋芋片反斗城購得的有形資產，都需要以公平市價，記錄在我們購得這些資產那天的蘋果籽帳冊上。FASB 對公平市價的定義是「市場參與方於計量日期進行符合規範之交易，其售出資產所收到的價格，或是轉讓債務所需支付的價格。」

我們將會聘請一位估價人員過來，幫我們為要收購的土地、廠房和設備估價。存貨的價值我們可以自己估算。此外，併購時還會有一筆單次但大額的法律和會計費用。這些收購時的額外費用都要在發生當下就記錄到損益表上，而不是等到「資本化」時才記錄（這是以前企業併購時的作法）。

大部分我們從洋芋片反斗城購得的資產都是有形資產，有真正的實體，容易估價。但我們同時也購買了一些比較難估價的「無形」資產，像是客戶清單、商標名稱、供應合約、營業秘密（例如洋芋片的食譜）等等。

任何我們支付給洋芋片反斗城的超額，也就是高於我們記錄在資產負債表上，以公平市價計算出來的資產淨值，都會被記錄為**「商譽」**。商譽會一直留在我們的帳冊上，直到商譽毀損為止。那時我們就需要在損益表上將其沖銷（攤銷），並將該筆金額認列為損失。

　　請注意，攤銷無形資產的程序與有形資產的折舊類似，都是要根據算式每年沖銷一部分。

　　在**事項** 33 裡，我們會完成所有併購洋芋片反斗城的相關事宜，同時蘋果籽也成為一間更大間的公司了，即將要開始新的冒險旅程。

　　隨著洋芋片成了我們在蘋果醬以外的第二個產品，也許我們應該要將公司的名稱從蘋果籽公司改成另一個比較亮眼一點的名字，例如像是綜合美味食品公司之類的名稱，縮寫則是 AGFPC。你們覺得如何？

損益表

從事項 1 至事項 33 的期間		上筆事項	+	本次事項	=	總額
1	銷貨淨額	$3,055,560		—		$3,055,560
2	銷貨成本	2,005,830		—		2,005,830
1－2＝3	毛利	1,049,730				1,049,730
4	推銷費用	328,523		—		328,523
5	研發費用	26,000		—		26,000
6	管理費用	203,520	2A	35,000		238,520
4＋5＋6＝7	營業費用	558,043				558,043
3－7＝8	營業利益	491,687				456,687
9	利息收入	(100,000)		—		(100,000)
10	所得稅	139,804		—		139,804
8＋9－10＝11	本期淨利	$251,883		(35,000)		$216,883

IS 交易總額

現金流量表

從事項 1 至事項 33 的期間		上筆事項	+	本次事項	=	總額
a	期初現金	$0				$0
b	收現	2,584,900		—		2,584,900
c	付現	2,796,438		—		2,796,438
b－c＝d	營業活動之現金	(211,538)				(211,538)
e	取得固定資產	1,750,000	1A	1,250,000		3,000,000
f	借款淨增加（或減少）	1,000,000		—		1,000,000
g	支付之所得稅	0		—		0
h	發行股票	2,350,000		—		2,350,000
a＋d－e＋f－g＋h＝i	期末現金餘額	$1,388,462		(1,250,000)		$138,462

CF 交易總額

資產負債表

至事項 33 止		上筆事項	+	本次事項	=	總額
A	現金	$1,388,462	1B	(1,250,000)		$138,462
B	應收帳款	454,760		—		454,760
C	存貨	414,770		—		414,770
D	預付費用	0		—		0
A＋B＋C＋D＝E	流動資產	2,257,992				1,007,992
F	其他資產	0	1D	50,000		50,000
G	固定資產原始成本	1,750,000	1C	1,200,000		2,950,000
H	累計折舊	78,573		—		78,573
G－H＝I	固定資產淨值	1,671,427				2,871,427
E＋F＋I＝J	總資產	$3,929,419		0		$3,929,419

資產總額

		上筆事項	+	本次事項	=	總額
K	應付帳款	$236,297	2B	35,000		271,297
L	應計費用	26,435		—		26,435
M	一年內到期之負債	200,000		—		200,000
N	應付所得稅	139,804		—		139,804
K＋L＋M＋N＝O	流動負債	602,536				637,536
P	長期債務	800,000		—		800,000
Q	股本	2,350,000		—		2,350,000
R	保留盈餘	176,883	2C	(35,000)		141,883
Q＋R＝S	股東權益	2,526,883				2,491,883
O＋P＋S＝T	總負債與權益	$3,929,419		0		$3,929,419

負債與權益總額

事項 33　收購洋芋片反斗城公司之資產，並以符合 FASB 第 141(R) 的收購規定來處理這次的合併案。

我們做到了！洋芋片反斗城是我們的了！但隨著喜悅的心情逐漸沉澱之後，我們意識到還有很多工作要做。就讓我們從調整財報開始，記錄這次重大的收購案吧。接著我們會開車到新工廠，學習製作世上最好吃的洋芋片。

事項： 以 125 萬美元收購洋芋片反斗城公司的部分資產，並將該公司合併至蘋果籽公司的財報中，再依照 FASB 第 141（R）條的規定記錄為收購案。這次收購的資產估算出來之公平市價為 120 萬美元，因此剩下 5 萬美元的餘額會被記錄為無形資產，即商譽。我們收到了估價人員、律師和會計師的帳單，總價為 3 萬 5 千元，是他們代表我們進行專業服務的費用。

1　寫一張 125 萬元的支票給洋芋片反斗城的所有人。（1A）將這筆金額記錄在現金流量表的**取得固定資產**，（1B）將資產負債表的**現金**減去相同金額。（1C）將收購的資產估值 120 萬美元加到資產負債表的**固定資產原始成本**。（1D）將支付總額中剩下的 5 萬美元加到資產負債表的**其他資產**，記錄為「商譽」。

2　（2A）在損益表的**管理費用**項目裡，增加一筆專業服務的 3 萬 5 千美元，同時（2B）也要將這筆金額記錄在資產負債表負債區塊裡的**應付帳款**。（2C）這筆費用使我們的淨收益減少，因此也要從**保留盈餘**當中減去這筆金額。

◆◆◆ ────────────────────────────────────

　　　來自管理部的留言：很榮幸能在探索蘋果籽公司財報
的旅途上與您同行。有任何意見或問題，歡迎寄電子郵件到
financialstatements@mercurygroup.com ，也很歡迎您單純和我們打
聲招呼。歡迎參考我們的網站 www.mercurygroup.com。

──────────────────────────────── ◆◆◆

結論

我們真的有很大的進步。我們對於會計和財報的恐懼已經逐漸消融，學到了會計的用語還有財報的架構，同時也知道了 FASB 是什麼意思，並且了解了 GAAP 的重要性。

我們還學會了：

- 「應計」跟綠野仙蹤裡的壞女巫沒有任何關係。（80～81 頁）
- 何時出現負現金流是好的，何時又代表大難將臨。（249 頁）
- 為什麼折扣會直接「掉到」財報底端。（199 頁）
- 流動性和獲利能力之間重要的差別。（249～251 頁）
- 哪些支出是成本，哪些支出是費用。（72 頁）
- 折舊對收益和現金的不同效果。（147～148 頁）
- 為什麼產品的成本一定要看產量。（188～193 頁）
- 對於公司價值三種常見但不同的定義。（232 頁）
- 為什麼資產負債表上的資產一定要永遠等於負債和股東權益（公司價值）的總和。（36～37 頁）
- 為什麼營運資金這麼重要，哪些商業行為會使營運資金增加，哪些會減少營運資金。（56～57 頁）
- 真的存在銀行裡的現金，跟財報底端的利潤有何差別，以及兩者之間的關連。（226～228 頁）
- 一間公司到底會有幾組帳冊。（273 頁）
- 為什麼有些質性的商業分析工具跟量化的分析工具一樣重要。（281～296 頁）
- 風險跟不確定性之間的差別，以及進行商業規劃時哪一個比較不好。（287～290 頁）

◆ 發行新股時，增資前估價和增資後估價的差別。（299 ～ 300 頁）

◆ 哪種企業融資方式比較貴，發行新股還是貸款？（302 ～ 303 頁）

◆ 如何計算明天收到的一塊錢在今天的價值。（315 頁）

◆ 使用淨現值與內部報酬率分析的時機與理由。（327 ～ 328 頁）

◆ 其他……

我們真的進步很多。我有一位年輕的會計師朋友曾說過一句充滿詩意的話：「如此對稱、充滿邏輯而美麗，而且結果總是正確的。」

現在我們終於可以了解這句話了。結果總是正確的。

附錄A

商業詐欺和投機泡沫簡史

西班牙出生的美籍哲學家喬治桑塔亞那（George Santayana）曾說：「無法從歷史當中記取教訓的人，終將重蹈歷史的覆轍。」為了幫助各位讀者不要遇到財務災難，接下來我們會介紹一些金融詐欺的案例。首先先跟各位說幾個投資法則，遵循這些法則可以幫助大家避開詐欺案：

1. 投資發起人不願意清楚說明投資方案，整體內容也不清不楚的投資方案，不要投資。請務必清楚瞭解投資的報酬如何產生，以及帶有什麼風險。

2. 對於「快錢」或是「不用本金就能賺大錢」的說法都要當心。當承諾的報酬「高到不像是真的」的時候，通常就不是真的。

3. 投資前一定要做徵信查核。這些詐欺犯花費了許多時間、金錢和心血，只為了讓自己看起來像是合法的。所以要當心，別被騙了。

但很可惜的，遵守這 3 個投資法則，還是無法保證不會被騙。

因此，不要「把雞蛋都放在同一個籃子裡」。如此一來，就算真的不小心栽了跟斗，也不會失去一切。所以要讓投資多元化。

龐氏騙局

在龐氏騙局中，輕信對方說法的投資人受到誘騙，購買了內容不清但承諾會有極高報酬的投資方案。早期投資人的報酬由後來加入的受害者所繳納的錢償付，這個做法會一直持續到再也籌不到錢為止。

龐氏騙局最終一定會崩潰，因為這個作法在本質上其實沒有任何收益，只是用錢來不斷循環而已。但是，並不是所有投資人都是輸家。第一個投資人如果成功及時抽身，則能賺到不少錢。

查爾斯‧龐茲（1919）

龐氏騙局的名稱就是由他而來，1919 年聖誕節的隔天，查爾斯‧龐茲用借來的 200 美元資金在美國波士頓學校街 27 號上，開了自己的證券交易公司。

龐氏宣稱他投資一種國際回郵票券，可以從中套利，並保證投資人可以在 45 天內拿到 50% 的報酬，90 天內更可以回收達 100%。早期的投資人確實拿到了這筆驚人的報酬，因為龐茲將他從新投資人那邊收到的錢，拿來支付給這些早期的投資人。

那時，龐茲可說是西北地區的當紅炸子雞。他的投資公司極為成功。在 1920 年時，龐茲在波士頓周遭一個名為萊辛頓（Lexington）的富庶郊區裡，買下一棟豪宅，甚至還收購了當地的漢華實業銀行。

然而，龐茲的這項操作終於在 1920 年 8 月崩潰。根據當地報紙的報導，聯邦調查局的人員突襲了龐茲公司的總部，麻州的州檢察長將他定罪入獄。在短短的 8 個月多的時間裡，龐茲從超過 1 萬名投資人手中收到了 1 千萬美元，但在龐茲破產時，每位投資人投資的一塊錢只能收回 37 美分。審判時，面對聯邦法院的郵政詐欺指控，龐茲承認有罪，因此被判處 5 年有期徒刑。在獄中服刑 3 年後，剛被聯邦監獄釋放出來的龐茲，又面臨了州政府的起訴，他於是棄保潛逃到佛羅里達州。在佛羅里達，他開始房地產的生意，販賣「一流的佛州不動產」（其實是沼澤地）給容易上當的投資人。最後，龐茲在麻州監獄被關了 9 年，並且被遣送回義大利。

伯納德‧馬多夫（2008）

前那斯達克股票交易所主席伯納德‧馬多夫，曾是華爾街最受敬重的金融家，直到他在 2008 年 12 月因被控進行一場龐大的龐氏騙局而被補入獄。

　　美國聯邦檢查官在馬多夫的刑事起訴書裡提到，馬多夫承認「全都不過是一場謊言而已，基本上就是個龐大的龐氏騙局……用根本不存在的錢去支付投資人。」據估計，投資人的損失超過了 500 億美元，使該場金融騙局成了史上金額最大的一樁。馬多夫於 2009 年 3 月認罪。

　　除了經營一間私人持有而且備受敬重的做市公司之外，馬多夫還兼營一間大型的對沖基金公司，專為有錢的投資人服務。馬多夫的對沖基金提供穩定到不自然的報酬，投資策略也相當模糊，而且由一間名不見經傳的 3 人小型會計事務所來進行審計，這間事務所只在一個小小的購物中心裡有一間店面大小的辦公室而已。但似乎沒有人在意，因為「報酬」看起來相當穩健。

　　這場騙局在 2008 年，金融危機爆發時被揭發。那時馬多夫遇到了一波投資贖回潮，因為投資人想在金融市場衰退時保留現金。這些投資人本是想要從馬多夫的基金裡面提出好幾十億美元，但伯納德並沒有這麼多錢。說到底，多數龐氏騙局都是因為有太多投資人同時想要提取現金而崩潰的，操作者手上並沒有這麼多現金可以付給他們。

　　查爾斯龐茲騙的是波士頓的平民老百姓；伯納德馬多夫騙的，則是那些有錢而且理該很精明的紐約人。這兩群人都想要賺輕鬆錢，結果就被有心人士利用而蒙受巨大的損失。

　　金字塔騙局的運作模式，有點像是點對點版的龐氏騙局。在這種模式裡，投資人支付的錢不會流到一個單一的核心推動者手上，而是在投資人內部不斷交換。每個參與者都必須再招募幾位新投資人，以使這個騙局繼續下去。金字塔騙局最終還是會垮掉，因為會越來越難找到新的受害人。

　　但不要將金字塔騙局跟（半）合法的「多層次直銷」給搞混了，進

行多層次直銷的公司包括安麗、雅芳、玫琳凱化妝品、Primerica 金融服務公司等等。在合法的多層次直銷模式裡，只有賣出公司的產品或服務後才會有佣金可拿，而不是單純招募人進來就可以。

「只有在潮水退了之後，你才會知道是誰光著身子在游泳。」

華倫・巴菲特

對市場崩盤時見到的金融詐欺所做之評論

經濟泡沫

經濟泡沫是由許多投機份子所推動的，這些投機份子願意付出更高的價格來購買早已被過份高估的資產，而這些資產則是由另一批投機份子在前一輪的買賣中買入後再售出的。

歷史上曾發生過的經濟泡沫各有不同，但都是由各種基礎的商業和心理機制交互作用後引發的。在初期階段，某個股票或商品因為報酬率相當吸引人，於是價格被越推越高。接著人們開始做出不理智的投資行為，因為大家都假設自己能夠在不久之後，把這個資產用更高的價格賣給下一個「更笨的傻子」。這種不切實際的投資人預期逐漸蔓延，變成自我實現的預期，一直持續到經濟泡沫「破掉」為止，這時價格會回跌到較為合理的基本價格。

為什麼有時候經濟泡沫可以維持這麼久？其中一個原因是因為沒有人想當那個「掃興的人」，而且大家正在賺進大把鈔票。此外，試圖在泡沫中獲利，就本質而言也沒有任何不法之處。唯一的問題只有如何在泡沫破滅之前出場。在泡沫破掉時還持有這些過份高估的資產者，就成了輸家，這就像在玩大風吹時，最後一個站著的人一樣。

鬱金香泡沫（1630 年代）

　　歷史上最有名的市場泡沫發生在 17 世紀的荷蘭。當時在荷蘭，買賣鬱金香球根需要一筆不小的錢。慢慢的，鬱金香花和球根成了人人覬覦的奢華物品，也成了地位的象徵。

　　最多人想要也最富麗的鬱金香球根會長出顏色鮮豔的花朵，花瓣上帶有許多條紋和火焰形狀，尤其是感染了罕見的鬱金香條斑病毒的花，其花紋樣式更顯斑斕。最昂貴的球根一個要價可高達 5 千荷蘭盾；荷蘭著名畫家林布蘭（Rembrandt）在 1642 年賣出他的名作夜巡時，總金額也不過是這個數字的三分之一而已，由此可知這筆金額極為驚人。

「火焰」鬱金香

　　好的球根非常稀少。從種子開始培養一株鬱金香花的球根約需要 7 年，而且也無法保證種出來的花能夠跟親株一樣好看。如果分切的話，球根可以長出純種的花，但分切也只能每 2 年進行一次而已。

　　鬱金香的花期在四月到五月間，只會開花一個星期，另外只有六月到九月期間能夠安全地將根拔起並移株到其他地方。因此，只有在這幾個月才會有人在「現貨市場」購買球根，並實際運送出去。

　　1636 年年初，荷蘭的貿易商聚集在當地的小酒館裡，創造出了一種正式的「期貨市場」。在這個市場裡，人們可以買賣合約，在季末購買球根。珍貴球根的合約價格在一年之內不斷上揚，然而，在 1637 年 2 月時，鬱金香球根合約的價格卻突然崩盤，於是鬱金香花和球根的合約買賣也就逐漸停止了。在這之後，花在球根的 1 塊錢能夠換來的收益甚至連 1 分錢都不到。

　　其實，根本沒有任何一個球根因為要滿足這些期貨合約而真的發貨

出去。荷蘭國會之後通過了一項行政命令，規定只要繳一小筆錢就能將
合約作廢，這或許是首次在投機泡沫中，由政府提出的紓困方案。

科技股（1995 ～ 2001）

網路泡沫是 1990 年代末期發生的一個股票市場投機泡沫，最終在
2001 年破滅。這個時期的一大特點，就是出現了許多網路公司，人們通
稱這些公司為「.com」。

快速增長的股價、個人在股票市場的投機行為，以及容易取得的創
投資金結合在一起，共同打造出一個過度興盛的股市榮景。許多新創的
網路公司對標準商業模式不屑一顧，專注於提高市占率，卻忽略了公司
的盈虧。許多公司因而被過度高估。

2000 年 3 月，那斯達克的綜合指數攀上了 5,048 點的高峰，比前一
年同期的價值高了一倍。但在接下來的 2 年當中，股市崩盤到連 1,500 點
都不到，將近 5 兆美元的市值就這麼蒸發掉了。請見下面的那斯達克價
格圖表。

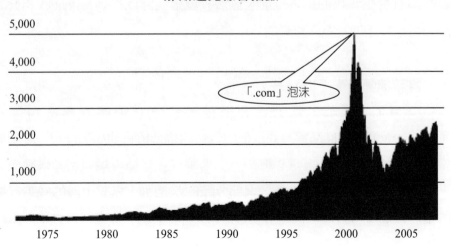

那斯達克綜合指數

美國的房市危機（2008 ～ 2010）

美國的房市價格泡沫在 2007 年破滅，導致全美各地的房價大跌。平均來看，在泡沫發生的前 10 年間，全美的房價增長了 143%，是個完全無法維持的速度。而推動這個泡沫的，是銀行輕易地放貸，以及買家和銀行的投機心態，認為房價會永遠上漲。誰能想得到呢？

如果能夠在泡沫破滅以前退場的話，投資在經濟泡沫有可能相當賺錢。但有很多人沒能逃開這場危機，還有許多人因而失去自己的家，被銀行沒收。

經濟泡沫並不是舞弊行為所導致的，但會有許多詐騙的行為或是會計舞弊的狀況在泡沫破滅之後曝光。情況尚好時，根本沒有人會去看，也很少有人在乎，但高度槓桿的舞弊行為經常會在泡沫破滅時，也因周轉不靈而崩垮。

其他常見的詐騙手法

大部分的大型商業詐欺案件，其實表面看來都相當簡單：部分擁有權力和高位的人說謊、詐騙然後竊取人們的金錢。通常會計師和監管人員在沒有發生實際的損害以前，無法發現這些詐欺行為。下面我們會討論一些比較近期且令人驚奇的詐欺事件。

沙拉油醜聞案（1963 年）

安東尼‧堤諾‧戴安吉利斯是一位住在美國紐澤西州貝永（Bayonne）市的商品貿易商，他的公司叫聯合植物油加工公司，專營買賣植物油的生意。堤諾精心策劃了一場騙局，在這場騙局裡，幾艘表面上滿載著沙拉油的船（但其實大部分裝的都是水，只有上層的幾英尺裝的是沙拉油），會停靠在公司位於紐澤西州的碼頭。檢查人員會確認這幾

艘船是否真的裝滿了油（但只會看上層的幾個油桶而已），接著以這些庫存品做為抵押，通過了好幾百萬美元的放款給堤諾的公司。

這場騙局最終因為堤諾變得更加貪心而崩盤，因為他試圖利用這些因造假而取得的借款來購買期貨，藉此壟斷全世界的沙拉油市場。包括美國銀行、美國運通在內的 50 多家銀行，再加上許多國際貿易公司，總共損失了約當現在 10 億美元的金額。堤諾最終被判刑 7 年。

安隆案（2001）

安隆公司是一間位於休士頓的能源交易公司，2000 年時，曾是美國第 7 大的公司（年營業額超過 1,000 億美元）。但接著公司快速崩潰，並於 2001 年申請破產保護。

究竟發生了什麼事？聯邦法院的起訴書當中說，這起精心策劃的企業騙局，是透過「制度化、系統化以及創新的方式」所達成的會計舞弊案。包括安隆公司財務長在內的多名資深經理人員，設立了「有限合夥關係」的空殼公司，藉以掩飾負債。接著安隆作為母公司，就會販售資產給這些空殼公司，並在財報上認列收入，偽造利潤。

「……人性之中必然存有大量的愚昧，不然又怎麼會重覆落入相同的圈套裡好幾千次……過往的不幸仍在眼前，人們又開始追求甚至觸發這些帶來不幸的原因，因而終將使這些不幸再現。」

小加圖（Cato the Younger，公元前 95 ～ 46 年）

羅馬演說家

該公司的股價在 2000 年夏天時，來到每股 90 美元，接著瞭解內幕的人開始賣出股票，該公司的股價最終跌到每股不到 20 美分，損失了超過 600 億美元的公司股價和 20 多億美元的員工退休計畫基金。

安隆的創始人兼董事長肯尼斯·雷伊被以詐欺罪判刑，但在被判刑之前就因心臟病發過世。而安隆的前 CEO 傑佛瑞·史基林也因詐欺罪被判 24 年，目前正在服刑。某些人認為，前安隆財務長安德魯·法斯陶是這宗複雜的金融騙局背後的主謀，但他只被判了 6 年便得以脫身。他的妻子也因被控是稅務詐欺案的共犯而入監服刑 1 年。下次當你的配偶要你簽聯邦政府的聯合報稅文件時，可要當心點！

為安隆公司提供會計服務的安達信事務所，當時還是一間大型的跨國會計事務所。2002 年，該事務所因損毀與安隆公司相關之審計文件而被控妨礙司法，最後被判刑。在這之後，由於安達信已是判刑確定的重罪犯，因此再也不能為任何上市公司提供會計服務，公司隨之倒閉。2001 年時，安達信全球員工高達 85,000 人，光在美國就有 28,000 人，年營收超過 93 億美元。如今，該公司只剩下一間位於芝加哥的辦公室，員工人數 200 人。

世通公司（2002 年）

在 2002 年聲請破產以前，世通公司（WorldCom）是美國第 2 大的長途電話公司（當時第 1 名是 AT&T）。這間公司主要靠收購較小型的電信公司來成長，但整體業務放緩阻礙了其進一步併購其他公司，因此該公司的商業模式也受到了挑戰。

為了掩飾不斷下滑的盈收，資深管理人員下達指示要低報成本（與其他通訊公司互接的費用），並偽造會計記錄，浮報盈收。到這場騙局支持不下去時，世通公司已經浮報了將近 110 億美元的資產。最後該公司

的股價從每股 60 多美元，暴跌至不到 1 美元。

世通公司臭名遠播的董事長兼 CEO 伯納德‧愛伯斯，被控以詐欺罪及提供偽造之文書給監察人員，判刑確定。愛伯斯被判刑 25 年，目前正在路易斯安那州的奧克達爾聯邦矯正機構裡服刑。愛伯斯（犯人編號 #56022054）最早也要 2028 年的 7 月才會被釋放，而屆時他將已是位 85 歲的老人。另外，還有 5 位世通公司的前高級經理人，目前也正在服刑。

沙賓法案

從我們所舉的例子大家可以看出，2000 年代初期似乎是各式詐騙案特別常見的時期。這讓美國國會極為憤怒，居然有這麼多的高階管理人員違法，一定要採取行動！

因此，美國國會通過了 2002 年上市公司會計改革及投資人保護法案，簡稱為沙賓法案，以該法案的主要發起人參議員保羅‧沙賓以及眾議員麥可‧奧克斯利為名。該法案以 423 比 3 的票數在眾議員通過，99 比 0 的票數在參議院通過。小布希總統簽署該法案，並說這是「從羅斯福總統以來，對美國商業實務影響最深遠的一次改革」。

該法案一共有 11 節，提列了許多新法規，規範上市公司的財務報告、資深管理人員的行為，以及為這些公司提供審計服務的會計事務所。

根據新法案的規定，製作或為不實的財報背書，將會讓公司的資深管理人員面臨嚴重的民、刑事罰則。現在，所有公司的執行長和財務長都必須親自保證，公司的財報「沒有任何不實的事實陳述，或略去任何有必要聲明的重大事實，或鑒於其作出之情況或日期，而必須作出不會產生誤導的陳述。」懂了嗎？是不是覺得安心多了呢？

沙賓法案一直被批評為只是一堆繁瑣的紙上作業，但也有其他評

論人員讚賞這項法案，認為其在維持資本主義體系的正直上，有其必要性。有鑑於 2008 年金融危機所帶來的影響，未來應該還會有更多法規。敬請關注。

附錄B

名目價值 vs. 實質價值

　　要計算不同年代的財務項目時，可以從兩種不同觀點來觀察貨幣的價值。在做歷史分析或是要進行財務預測時，瞭解這兩種不同觀點非常重要。

　　其中一種，是把貨幣單純視為一張紙：你懂的，就是那些在你皮夾裡的紙。今天的一張紙鈔，到了明天也還是同一張紙鈔。這樣的價值稱為「**名目價值**」或是「**當期價值**」，也就是**當天的貨幣價值**。

　　從名目價格來看，麥當勞的大麥克漢堡 20 年前要價 50 美分，現在則要 3.75 美元。名目價值或是當期價值指的是 20 年前你爸爸從皮夾裡掏出了多少張紙鈔買大麥克漢堡給你，或是你現在要花多少張紙鈔買給你兒子。

　　不過，物品的價格會因為通貨膨脹而隨著時間慢慢增加。因此，有時觀察貨物在過去的實際「價值」（或是未來的預估價值），而不是只用名目價值來看你實際花了多少錢，會是一件很有幫助的事。

　　要從這種經過通貨膨脹調整的角度來看待貨幣價值的話，我們就要使用「**實質價值**」或者又稱為「**固定價值**」。實質價值就是將名目價值加以調整，把通膨的效果從價值中拿掉（或加回去）。

　　為什麼要這麼麻煩？因為從金融財務的角度來看，要分析今天 3.75 美元的大麥克跟 20 年前只要 50 美分的大麥克之間的價格差異，是很困難的事。這兩個漢堡基本上是一樣的。因此，如果把通膨拿掉（也就是從名目價格轉換成實質價格）的話，價格的差異就會變得比較能夠相比，也比較能夠解釋。

貨幣幻覺

　　貨幣幻覺指的是人們（老人？）有偏好用名目價格而非實質價格來看待貨幣的傾向。人們記得而且也更注意貨幣上的數字，或說貨幣的面

額（名目價格），而比較少注意貨幣的相對購買力（實質價格）。這也是
為什麼老爸會一直說以前的大麥克漢堡只要 50 分，爺爺會說以前 10 美
分的早餐就有炒蛋、培根和咖啡了。

名目價值 vs. 實質價值

◆ 以經濟學的用語來說，「名目」價值指的是貨幣的面額，而「實
　質」價值則是依據基期的通膨率加以調整後的價值。

◆ 財報上報告的都是**名目價格**。如果一間公司在 1995 年賣出了 100
　美元的小用具，然後在 2006 年賣出了 110 美元的小用具的話，
　這兩個數字就會被如實地呈現在這兩年的財報上。所以，這兩個
　時期之間的銷售額有了些微上升。是嗎？

　以價值來看的話，其實沒有。如果我們以實質價格來看這兩個
　時期的銷售額（也就是經過 1995 到 2006 年間的通膨率調整過
　後），可以發現 1995 到 2006 年間，實質銷售額的價值其實反而
　是些微下滑了。

◆ 要將「y 年」的名目價格轉換成「x 年」的實質購買力的話，可
　以使用底下的公式。CPI 是由美國商務部公布的消費者物價指
　數。1983/4 年是這裡選定的基期，意即 CPI = 100。

$$\text{實質價值}_x = \text{名目價值}_y \left(\frac{\text{CPI}_x}{\text{CPI}_y} \right)$$

用我們上方舉的例子，$\text{CPI}_{1995} = 152.4$，且 $\text{CPI}_{2006} = 201.6$ 的話，

$$實質價值\,_{2006} = 名目價值\,_{1995} \left(\frac{CPI_{2006}}{CPI_{1995}} \right)$$

$$實質價值\,_{2006} = \$100.00 \times \left(\frac{201.6}{152.4} \right) = \$132.28$$

把 1995 年到 2006 年之間的通膨率也一起納入考量的話，我們在 2006 年要賣出 132.28 美元的小工具，才能等於我們在 1995 年 100 元銷售額的價值。由於我們 2006 年只賣出了 110 美元的小工具，所以雖然銷售額的名目價值上升了，但實質價值卻下降了。

實質價值（固定價值）

◆ 實質價值（又稱為固定價值）是經過通膨調整後的總額。名目價值（又稱為當期價值）則是在當下實際付出或收到，沒有經過任何調整的總額。

◆ 從底下的圖表可以看到，從 1970 到 1990 年間，一磅的 OREO® 餅乾每年的名目價值是多少，同時也可以看到實質價值是多少。消費者購買 1 磅餅乾所需支付的名目價值，從 1970 年的 48 美分一路上升到 1990 年的 2.70 美元，幾乎成長了 6 倍。然而，價格上升的主因其實是這 20 年間的通貨膨脹。請參考底下的餅乾價格（名目及實質）圖表。

1970 到 1990 的 OREO 餅乾價格

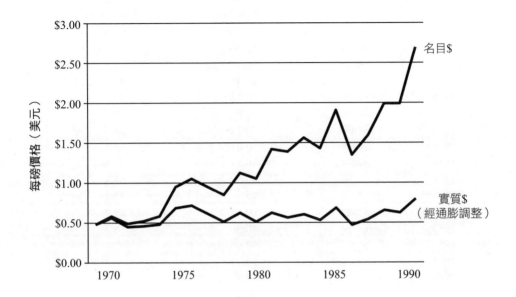

◆ 從下一頁的數據表，可以看出名目價值、消費者物價指數
（CPI）以及經過通膨調整後實質價格之間的關係。

　　A 欄：名目價值顯示的是消費者在當年度購買一磅 OREO® 餅乾
時，實際需支付的價格。

　　CPI 欄：顯示每年的消費者物價指數。美國商務部已將 CPI 標準
化，指定 1983/84 年的消費者物價指數為 100。

　　B 欄：實質價值顯示的是經過通膨調整後，一磅的 OREO 餅乾的實
際價值。通膨調整使用的是上一頁的公式，並以 1970 年的 CPI 值為基
期。

1970 到 1990 的 OREO 餅乾價格

年度	A. 名目價值	B. 實質價值	消費者物價指數（CPI）
1970	$0.48	$0.48	37.8
1971	$0.59	$0.56	39.8
1972	$0.49	$0.45	41.1
1973	$0.52	$0.46	42.6
1974	$0.59	$0.48	46.6
1975	$0.95	$0.69	52.1
1976	$1.06	$0.72	55.6
1977	$0.95	$0.61	58.5
1978	$0.84	$0.51	62.5
1979	$1.12	$0.62	68.3
1980	$1.06	$0.51	77.8
1981	$1.42	$0.62	87.0
1982	$1.39	$0.56	94.3
1983	$1.56	$0.60	97.8
1984	$1.43	$0.53	101.9
1985	$1.91	$0.68	105.5
1986	$1.35	$0.47	109.6
1987	$1.59	$0.54	111.2
1988	$1.99	$0.65	115.7
1989	$1.99	$0.62	121.1
1990	$2.69	$0.80	127.4

　　比方說，雖然消費者在 1986 年需要支付 1.35 美元的名目價值，才能買到一磅餅乾，但這個金額在 1970 年的實質價值（也就是說，使用 1970 到 1986 年間的通膨率來折現），其實只有 47 美分，比 1970 年的名目價值還要少了 1 美分。

　　隨著時間過去，通貨膨脹很可能會使實質和名目價值之間有很劇烈的差別，因此在分析現在、過去或未來的經濟和商業環境時，一定要將這個因素考量進來。

作者介紹

湯瑪士・易徒森
Thomas Ittelson

　　科學家、企業家、作者和老師，在科技業的事業發展及行銷部門有 30 多年的實務經驗。在擔任企業主的顧問期間所撰寫的商業計畫，曾經成功募集到逾 5 億美元的新創權益資本。而本書正是作者多年來教導企業家如何運用財報的心血結晶。

　　他在生物化學方面的專業訓練（不是會計或財金），得以成就本書獨特的結構和重點。他首次接觸會計和財務報告，是在為一間跨國公司擔任策略規劃人員時，因工作所需而學的；後來他創立了一間由創投投資成立的高科技公司，並擔任該公司的 CEO 及財務人員，他仍然不斷地學習相關知識。他目前在水星集團工作。水星集團是總部位於麻州劍橋市的管理顧問公司，專長為行銷、財政模型化、業務策略開發以及為新創公司和已有一定基礎的科技公司募資。

　　水星集團曾舉辦過一天的密集課程：「財務報表架構」。該課程是專為商業、科技業、學界和法律專業人士所辦，參加者都是應該要懂損益表、現金流量表和資產負債表的功用……但卻不知道的人。

　　詳細資訊請透過以下方式聯絡取得：

水星集團
Harvard Square Station PO Box 381350 Cambridge, MA
financialstatements@mercurygroup.com
www.mercurygroup.com

高寶書版集團
gobooks.com.tw

RI 341
越看越醒腦的財報書：
零基礎秒懂人生必會的 3 大財報，1 個案例搞定此生所需財務知識！
Financial Statements: A Step-by-Step Guide to Understanding and Creating Financial Reports

作　　者	湯瑪士・易徒森（Thomas Ittelson）
譯　　者	黃奕豪
責任編輯	林子鈺
封面設計	巫麗雪
內文編排	賴姵均
企　　劃	何嘉雯

發 行 人	朱凱蕾
出　　版	英屬維京群島商高寶國際有限公司台灣分公司
	Global Group Holdings, Ltd.
地　　址	台北市內湖區洲子街 88 號 3 樓
網　　址	gobooks.com.tw
電　　話	（02）27992788
電　　郵	readers@gobooks.com.tw（讀者服務部）
傳　　真	出版部（02）27990909　行銷部（02）27993088
郵政劃撥	19394552
戶　　名	英屬維京群島商高寶國際有限公司台灣分公司
發　　行	英屬維京群島商高寶國際有限公司台灣分公司
法律顧問	永然聯合法律事務所
初版日期	2020 年 4 月

國家圖書館出版品預行編目（CIP）資料

越看越醒腦的財報書：零基礎秒懂人生必會的 3 大財報，1
個案例搞定此生所需財務知識 I/ 湯瑪士 . 易徒森 (Thomas
Ittelson) 著；黃奕豪譯 . -- 二版 . -- 臺北市：英屬維京群島
商高寶國際有限公司臺灣分公司 , 2024.05
　　面；　　公分 . --（致富館；RI 341）

譯自：Financial statements : a step-by-step guide to
understanding and creating financial reports.

ISBN 978-986-506-974-2（平裝）

1.CST: 財務報表　2.CST: 財務分析

495.47　　　　　　　　　　　　　113005385